高校化学教学模式与探究

曾宪彩　著

哈尔滨出版社
HARBIN PUBLISHING HOUSE

图书在版编目（CIP）数据

高校化学教学模式与探究／曾宪彩著. -- 哈尔滨：
哈尔滨出版社，2025. 1. -- ISBN 978-7-5484-8214-7

Ⅰ. O6-42

中国国家版本馆 CIP 数据核字第 2024NT2896 号

书　　名：**高校化学教学模式与探究**
GAOXIAO HUAXUE JIAOXUE MOSHI YU TANJIU

作　　者：曾宪彩　著

责任编辑：滕　达

出版发行：哈尔滨出版社（Harbin Publishing House）

社　　址：哈尔滨市香坊区泰山路 82-9 号　邮编：150090

经　　销：全国新华书店

印　　刷：北京鑫益晖印刷有限公司

网　　址：www.hrbcbs.com

E - mail：hrbcbs@ yeah. net

编辑版权热线：（0451）87900271　87900272

销售热线：（0451）87900202　87900203

开　　本：880mm×1230mm　1/32　印张：4.25　字数：82 千字

版　　次：2025 年 1 月第 1 版

印　　次：2025 年 1 月第 1 次印刷

书　　号：ISBN 978-7-5484-8214-7

定　　价：58.00 元

凡购本社图书发现印装错误，请与本社印制部联系调换。

服务热线：（0451）87900279

前　言

在快速发展的科学时代背景下,高校化学教学不再局限于传统的知识传授与技能培养,而是更加注重学生综合素质的提升、创新能力的激发以及跨学科融合能力的培养。随着教育理念的不断更新和教学技术的飞速发展,高校化学教学模式正经历着深刻的变革与重塑。当前,高校化学教学模式呈现出多元化、信息化、实践化的发展趋势。多元化体现在教学内容、教学方法和教学评价等多个层面。在教学内容上,除了基础理论知识外,还融入了前沿科技、环境保护等多元化元素,以拓宽学生的知识视野,增强学生的社会责任感。在教学方法上,教师不再单纯依赖讲授式教学,而是积极采用翻转式、探究式、项目式等多种教学模式,以激发学生的学习兴趣,培养学生的批判性思维和解决问题的能力。

本书共分为四个章节,系统探讨了高校化学教学模式的各个方面。第一章阐述高校化学教学的基础理论,包括化学教学的原则与规律、学习理论在化学教学中的应用,以及现代教育技术在化学教学中的融合。第二章则聚焦于创新型化学教学模式的探索,详细介绍了"导学互动"教学模式、合作学习、翻转课堂、POA 教学模式以及问题式学习(PBL)教学模式在化学教学中的具体应用。第三章探讨高校化学教学模式的实施策略,包括教学内容的优化、教学方法的创新、教学评价体系的改革,以及教师的素质要求与专业发展。第四章则对高校化学教学模式的成效进行评估,分析学生能力培养的成效,并提出持续改进的方向与措施。本书适用于高校化学教师、教学研究人员以及相关专业的学生。

目　录

第一章 高校化学教学基础理论

第一节 化学教学的原则与规律

一、化学教学的基本原则

(一)科学性与思想性统一的原则

1. 科学性是高校化学教学的基石

高校化学教学中的科学性,是确保教育质量、培养学生科学素养的基石,这一原则强调,所传授的化学知识必须建立在现代科学的基础之上,准确反映客观事实,具备正确性、可靠性和真理性。科学性的实现,要求教师不仅具备深厚的专业知识,还需紧跟科学发展的步伐,将最新的科研成果和教育理念融入课堂教学之中。通过严谨的教学方法和实验验证,学生不仅能够掌握扎实的化学基础知识,还能学会如何运用科学方法探索未知,培养批判性思维和创新能力。对科学性的坚守,还体现在对化学史的尊重与传承上。化学作为一门历史悠久的学科,其发展历程中蕴含着无数科学家的智慧与汗水。在教学中穿插化学史的教育,不仅能让学生更好地理解化学原理的来龙去脉,还能激发他们对科学探索的热情,培养尊重事实、勇于探索的科学精神。因此,科学性不仅是化学教学内容的准确性保证,更是培养学生科学素养、形成正确世界观和方法论的重要途径。

2. 思想引领是高校化学教学的灵魂

在高校化学教学中,思想性的实现,意味着化学教学不仅要培养学生的专业技能,更要注重其品德修养、思维能力和身体素质的提升,确保学生成为德智体全面发展的社会栋梁。对学生思想的引领,体现在将社会主义核心价值观融入化学教学之中。引导学生通过学习化学知识,认识自然、理解社会、关爱生命,培养他们的环保意识、社会责任感和人文关怀。同时,化学教学中的思想性还体现在对学生创新思维和团队合作精神的培养上。鼓励学生参与科研项目、实验设计等活动,不仅锻炼了他们的实践操作能力,更在合作中学会了沟通、协调与领导,为未来的职业生涯打下坚实的基础。因此,思想性不仅是高校化学教学的灵魂,更是实现教育目的、培养新时代人才的关键所在。

(二)理论联系实际的原则

1. 理论联系实际原则在化学教学中的核心地位

理论联系实际,作为辩证唯物主义认识论的基本原理,深刻揭示了人类认识世界的内在规律。在高校化学教学领域,这一原则不仅是教学大纲的明确要求,更是学生认知特点的自然诉求。化学,作为一门实验科学,其知识体系建立在大量的实验观察和理论推理之上。因此,在教学过程中,将理论知识与实际操作、工业生产、日常生活紧密相连,成为提升教学效果的关键手段。通过实例分析、实验室操作、工业参观等多种教学手段,学生能够在理论与实践的交互中深化理解,将抽象的化学概念转化为解决具体问题的能力。这种教学模式不仅加速了学生对化学知识的掌握和运用,还促进了其智力的发展,使他们学会如何灵活运用所学知识去分析、解决复杂问题。同时,理论联系实际的原则还有效激发了学生的学习兴趣,使他们在探索化学奥秘的过程中感受到学习的乐趣,从而提高了学习效率。更重要的是,这一原则强调了学校教学与社会实践的结合,通过引入真实的化学应用场景,增强了学生的社会责任感和使命感,为他们的全面发展奠定了坚实基础。

2.贯彻理论联系实际原则的实践路径

在高校化学教学中贯彻理论联系实际的原则,需要教师精心设计教学内容,创新教学方法,确保理论与实践的深度融合。一方面,教师应积极挖掘化学知识在工农业生产、环境保护、新材料开发等领域的应用案例,将这些案例融入课堂教学,让学生在了解化学理论的同时,也能直观感受到其社会价值。另一方面,通过组织实验、实习、科研项目等活动,让学生亲身体验化学知识的实践应用过程,培养他们的动手能力和创新思维。

此外,教师还可以邀请行业专家进校园,分享化学技术在实际工作中的应用经验,拓宽学生的视野,增强他们对未来职业发展的认知。通过这些措施,不仅能够有效避免理论脱离实际和片面强调实用的倾向,还能在传授知识的同时,培养学生的综合素质,使他们成为既有扎实理论基础,又能解决实际问题的高素质化学人才。总之,理论联系实际原则的深入实施,对于提升高校化学教学质量、促进学生全面发展、加强学校与社会的联系具有重要意义。

(三) 系统性和循序渐进相结合的原则

1. 系统性构建是高校化学教学的骨架

高校化学教学的系统性,是确保教学质量与效率的关键所在,这一原则要求将整个教学过程视为一个紧密相连、有序展开的系统工程,其中,化学知识的逻辑体系构成了这一系统的核心骨架。系统性不仅体现在对化学知识全面、完整呈现上,更强调各知识点之间的内在联系与层次结构。教师需要深入理解化学学科的整体框架,将理论知识、实验操作、实际应用等各个环节有机整合,形成一个条理清晰、逻辑严密的教学体系。在教学实践中,系统性地构建意味着教师要精心设计教学流程,确保每个教学环节都紧密相连,前后呼应。通过系统的知识传授,学生能够逐步建立起完整的化学知识网络,理解各知识点之间的关联与区别,形成扎实的知识基础。同时,系统性的教学还有助于培养学生的综合思维能力,使他们能够从全局视角审视化学问题,提高解决复杂问题的能力。因此,系统性不仅是高校化学教学组织的基本原则,更是提升学生学科素养、培养创新思维的重要保障。

2. 循序渐进引导是高校化学教学的阶梯

循序渐进,是高校化学教学中不可或缺的一个重要原则,它强调教学方法应顺应学生认知和智力发展的自然顺序,从简单到复杂、从具体到抽象、从已知到未知,逐步引导学生掌握知识、发展能力。这一原则要求教师充分了解学生的学习特点,根据学生的实际情况设计教学难度和进度,确保教学内容既不过于简单而缺乏挑战性,也不过于复杂而使学生感到挫败。循序渐进地教学不仅有助于学生逐步克服学习障碍,建立自信,还能激发他们的学习兴趣和探究欲望。在教学过程中,教师应通过生动的实例、直观的演示、逐步深入的问题引导等方式,帮助学生逐步构建起对化学概念的理解和应用能力。同时,循序渐进还意味着教师要及时给予学生反馈和指导,帮助他们巩固所学,纠正错误,确保每一步都走得稳当。通过这种层层递进的教学方式,学生能够在不断积累中实现从量变到质变的飞跃,全面掌握化学知识,提升学科素养。

(四)直观性和抽象性相统一的原则

1. 直观性与抽象性相统一是化学教学的认识论基础

直观性和抽象性相统一的原则,是深植于学生认知规律之中的教学指导思想。在化学这一门探索物质本质及其变化规律的学科中,这一原则显得尤为重要。化学研究的对象,如原子、分子、离子等微观粒子及其相互作用,往往超出了人类直接感知的范围,它们既摸不着也看不见,给教学带来了不小的挑战。

因此,如何在教学中将这些抽象的概念和过程具体化、直观化,成为提高教学效果的关键。教师需要精心设计教学活动,充分利用学生的多种感官,通过生动的语言描述、实物展示、实验演示、模型构建、图表解析等多种教学手段,搭建起宏观世界与微观世界之间的桥梁。这样的教学过程,不仅能够帮助学生形成清晰的表象,从而更深刻地理解化学知识,还能够激发学生的探索兴趣,培养他们的抽象思维能力和科学素养。直观性与抽象性的统一,不仅符合学生的认知规律,也是化学教学走向深入、走向生动的必由之路。

2. 直观教学手段在化学教学中的作用

在化学教学中,直观教学手段的应用是实现直观性与抽象性相统一原则的重要途径。实物直观,如实验、实习、见习参观等,能够让学生亲自动手操作,观察化学变化的过程,感受化学现象的魅力,从而在实践中深化对化学原理的理解。如模型、图表、幻灯片等教学手段,则能够以更加直观、简洁的方式展示化学知识的内在结构和逻辑关系,帮助学生构建系统的知识体系。这些直观教学手段的运用,不仅能够使学生更加容易地掌握化学知识,还能够培养他们的观察能力、分析能力和解决问题的能力。更重要的是,通过将直观的感知与抽象的思维活动相结合,学生能够逐渐形成科学概念,掌握知识的本质,实现智能的全面发展。因此,在化学教学中,教师应注重直观教学手段的创新和应用,不断探索更加有效的教学方法,以促进学生科学素养的全面提升。

(五)统一要求和因材施教相结合的原则

1.统一要求是高校化学教学的基准线

在高校化学教学中,统一要求是确保教学质量和效果的重要前提,这一原则强调,教学活动应围绕明确的教学计划、目标和任务展开,对学生知识的掌握程度和学习进度设定统一的标准。统一要求面向全体学生,旨在通过规范的教学内容和教学方法,确保每位学生都能达到基本的学习要求,掌握必要的化学知识和技能。这不仅有助于建立公平、公正的教学环境,还能促进学生的整体发展,为后续的专业学习和科研活动奠定坚实的基础。统一要求的实施,需要教师精心设计教学方案,明确教学重点和难点,采用科学的教学方法和评估手段,确保教学活动有序进行。同时,教师还需关注学生的个体差异,灵活调整教学策略,使统一要求与学生的实际情况相结合,实现教学效果的最大化。

2.因材施教是高校化学教学的个性化路径

因材施教,作为高校化学教学的重要原则,强调根据学生的个性特点进行教学,以满足不同学生的学习需求。这一原则与西方教育家提出的"量力性原则"不谋而合,都主张教学应适应学生的能力和兴趣,避免一刀切的教学方式。在高校化学教学中,因材施教意味着教师要深入了解每位学生的知识基础、学习能力和兴趣点,以此为依据制定个性化的教学方案。通过因材施教,教师能够更有针对性地指导学生,帮助他们克服学习障碍,发挥自身优势。对于基础薄弱的学生,教师可以采取更为细致的辅导方式,帮助他们巩固基础;对于学有余力的学生,则可以提供更深入的学习资源和挑战性任务,激发他们的学习潜力和创新思维。因材施教不仅有助于提升学生的学习效果,还能培养他们的自主学习能力和创新精神,为培养出类拔萃的优秀人才奠定坚实的基础。

二、化学教学规律

(一)高校化学教学中学生的认识规律

1. 高校化学教学过程中学生的认识特点

(1)认识的间接性

学生在高校化学教学过程中所要完成的认识任务主要不是探求新的真理或寻求新的发现,而是学习和继承前人已有的认识成果,是间接认识、理论认识。

(2)认识的受控性

由于在教学过程中,整个教学活动不论是化学基础知识、基本理论的教学,还是化学实验教学,都是在教师的组织和引导下进行的,是根据教学计划、教学目标和具体的教学任务进行的,这就使得学生的认识有明确的指向性和受控性。

(3)认识的化学特殊性

因为化学是建立在实验基础上的一门自然科学,是研究物质的组成、性质、结构、变化以及合成的一门科学。这就使得学生在高校化学学习过程中,对化学知识的认识必然符合自然科学的认识论和方法论,即认识的化学特殊性。

2.高校化学教学过程中学生的认识规律

由上述关于高校化学教学过程中学生认识的特点,决定了学生的认识过程不同于人类一般的认识过程。从本质上来看,学生在学习过程中所要认识的对象是教材,是教材中记载的人类长期反复实践认识而积累的化学知识。从化学学科的特殊性来看,学生在学习过程中对化学知识的认识又应遵循自然科学的认识规律。正是这样一些特点,制约和决定了高校化学教学过程中学生的认识规律(如图1-1所示)。

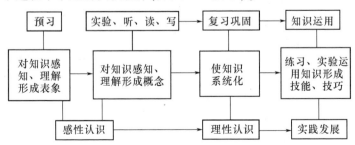

图1-1 高校化学教学过程中学生的认识规律

由图 1-1 可知,四个阶段具有有序性和整体性,它们之间是相互独立而又相互依存、密切联系和相互渗透的。只有经历这四个阶段依次转换,学生才能完成自己的认识任务。这就是在高校化学教学过程中,学生相对完整的独立认识过程的规律性。

(二)教师的主导作用与学生的主体地位相结合的规律

1. 教师的主导作用具有客观必然性和必要性

在教学过程中,教学的方向和内容、方法和进程、质量和结果等,都主要由教师按教学计划、目标和任务来决定和负责。这是因为教师受过专门的教育训练,对教和学的方向、内容及方法等应已掌握。而学生是受教育者,经验欠缺,还不完全具备独立学习的能力。在这种情况下,决定了只有在教师的启发引导下,学生才能克服学习中的种种困难,沿正确的方向前进。

2. 学生是教学过程中的主体,教为学而存在、为学而服务

在教学过程中,学生是学习的主体,教师组织的一切教学活动都必须通过学生来进行和落实,教学效果、教学质量也要体现在学生的认识转化及行为变化上。这就是说,学生是教学过程中的主体,教师的教是为学而教、是为学而服务的,离开了主体的学,也就无从谈什么教。

3. 教师主导和学生主体是辩证统一的

教师既要对主体的学进行积极主导,同时又要承认学生的

主体地位,使主导与主体有机地结合起来。所谓"名师出高徒""师傅引进门,修行靠个人""读书全在自用心,先生只是引路人"等名言警句就是这个道理。

(三)传授知识与发展智力相统一的规律

1. 知识和智力是两个本质不同的概念

从心理学的观点来看,知识是头脑中的经验系统,而智力是顺利完成某种活动有关的心理特征。人们为了保证某种活动的顺利完成,必须对头脑中的经验系统(知识)进行加工(比较、分析、综合、抽象、概括等),在这个加工过程中表现出来的针对性、广阔性、深刻性、敏捷性和灵活性等心理特征的综合才是智力。可见,智力与知识之间虽然关系密切,但知识毕竟不是智力。

2. 知识与智力的发展规律不同

人们对知识的掌握是由少到多、由简单到复杂,并且一般随着年龄和经验的增长而逐渐增多的。智力的发展则跟人们神经系统的发育、成熟和衰退有关,它受人的年龄所制约,有一定的限度,并随着神经系统的衰退会停滞或衰退。

3. 知识和智力是密切相关的

知识、技能和智力、能力虽然概念不同,发展规律也不相同,但它们之间确是密切相关、相互影响、相互促进的。孔子曾经说过"多学近乎智",认为学习知识可以促进和发展智力,并指出"学而不思则罔,思而不学则殆"(见《论语·为政》)。事实上,人的智力和能力的发展,总是要以掌握一定的知识和技能为中介的。知识和技能的学习是智力和能力发展的凭借和基础,知识和技能的掌握有利于促进智力和能力的发展。离开了知识和技能的掌握,则发展智力和能力就无从谈起。反过来,掌握知识和技能,又必须依靠智力和能力的发展。智力和能力同样也是掌握知识和技能的重要条件,智力和能力的发展水平直接影响着掌握知识和技能的深度、广度和速度。如一些报道上的"狼孩"现象正说明了这一问题。

(四)化学教学的教育性规律

1. 教学活动是人类的一种特殊的认识活动,在这个认识活动中,学生具有主观能动性

在教学活动(如高校化学教学活动)的认识过程中,学生绝不是机械地、照相式地、完全自然地反映客观(化学)世界,而是带有一定的主观能动性的。必然是从自身思想观点和认识方法出发,有自己的意识情感和各种心理活动参与其中。而认识过程的完成和结果,反过来又对认识者的观点、立场、认识方法和思想情感有着积极的影响。

2. 教师的言行品德、立场观点、治学精神等是教学过程中最基本也是最重要的教育因素

由于学生具有很强的模仿性、易感性和可塑性,故教师的言行举止都会对学生产生潜移默化的影响。所谓身教胜于言传,其道理就在这里。而实际上高校化学教学过程与其他各科的教学过程一样,在客观上永远具有教育性。高校化学教学是实现教育目的的途径之一。教学过程的教育性是通过知识的传授和学习体现出来的,知识的传授和学习与教育是相互联系、相互影响的。这就要求教师在高校化学教学过程中,注意结合化学知识和技巧的传授,寓教育于智育之中,不可将两者割裂开来。

(五)化学知识教学应与化学实验同步的规律

化学是建立在实验基础上的一门自然学科,从高校化学教学过程的特点来看,要使学生较好地掌握和系统地学习化学知识及其有关的基本技能、技巧,了解和掌握自然科学的认识论和方法论,这就要求在高校化学教学中,化学基础知识的传授应与化学实验同步。这一规律是高校化学教学过程中的特殊的重要规律。

第二节 学习理论在化学教学中的应用

一、建构主义学习理论的应用

(一)创设问题情境

建构主义学习理论强调以学生为中心,认为学习是一个主动建构知识的过程,而不是简单地接受信息。在高校化学教学中,这一理论的应用尤为关键。教师通过精心创设与化学知识紧密相关的问题情境,能够有效引导学生主动思考、积极探索,从而深入理解化学原理,培养其解决问题的能力。以化学反应原理的讲授为例,传统的教学方式往往侧重理论知识的灌输,而建构主义学习理论则鼓励教师通过设置具体问题,如"如何设计实验验证化学反应速率的影响因素?"来激发学生的学习兴趣和探究欲望。这样的问题情境不仅要求学生掌握基本的化学知识,还需要他们运用所学知识去解决实际问题,从而在实践中深化理解。在解决问题的过程中,学生需要自主查阅资料、设计实验方案,甚至进行实验操作和数据分析。这一系列活动不仅锻炼了学生的实验技能和数据分析能力,还培养了他们的创新思维和团队合作精神。通过亲身参与和体验,学生能够更深刻地理解化学反应速率的影响因素,如温度、浓度、催化剂等,以及这些因素是如何相互作用的。此外,问题情境的创设还有助于提高学生的自主学习能力。在解决问题的过程中,学生需要主动寻求知识,不断探索和尝试,这种学习方式比被动接受知识更能激发学生的内在动力,使他们在学习过程中保持持久的兴趣和热情。

(二)强调情境学习

1. 建构主义视角下情境学习在化学教学中的实践

建构主义学习理论强调学习者在真实或模拟的情境中主动构建知识的重要性。在高校化学教学中,这一理论的应用尤为关键,它要求教师将化学知识与学生的生活实际、工业生产等具体情境紧密结合,创造出一个充满活力和探索性的学习环境。通过情境学习,学生不再是被动地接受知识,而是在解决实际问题的过程中,主动地去探索、去发现、去构建知识体系。例如,在讲解环境污染与治理章节时,教师可以选取真实的环境污染案例,如水体富营养化、大气污染等,引导学生分析污染成因、探讨治理方法。在这样的情境中,学生不仅能够深刻理解化学原理在环境保护中的应用,还能培养起环境保护意识和社会责任感。情境学习不仅丰富了教学内容,还提高了学生的学习兴趣和参与度,使他们在实践中不断深化对化学知识的理解,形成解决实际问题的能力。

2. 情境学习是连接化学知识与现实世界的桥梁

情境学习作为建构主义学习理论的重要组成部分,为高校化学教学提供了一种创新的教学模式。它将抽象的化学知识与具体的现实情境相结合,为学生搭建起一座连接理论与实践、知识与应用的桥梁。在情境学习中,学生不再只是面对书本上的化学方程式和实验步骤,而是能够亲身参与到化学知识的应用过程中,体验到化学在解决实际问题中的巨大价值。例如,通过参与工业废水处理方案的设计,学生能够将所学的化学原理应用于实践,不仅加深了对知识的理解,还提高了解决实际问题的能力。同时,情境学习还能够激发学生的创新思维,鼓励他们在面对复杂问题时,能够灵活运用化学知识,提出新的解决方案。因此,情境学习不仅是连接化学知识与现实世界的桥梁,更是培养学生创新精神和实践能力的重要途径。在高校化学教学中,教师应积极创设多样化的情境学习环境,引导学生在情境中学习、在情境中成长,为他们的全面发展奠定坚实的基础。

二、探究学习理论的应用

(一)设计探究性实验

1. 探究性实验的设计原则

探究学习理论强调学生通过探究过程来获取知识、发展能力,在高校化学教学中,设计具有探究性的化学实验是实现这一目标的有效途径。探究性实验一方面应围绕一个或几个核心问题展开,这些问题能够激发学生的好奇心和探索欲望;另一方面,实验设计应考虑到学生的实际操作能力,确保实验步骤清晰、可行。而且,实验结果应具有一定的不确定性,鼓励学生从多角度、多层次进行探究。

2. 探究性实验的实施步骤

在探究性实验的实施过程中,教师可以提出问题,通过生活实例、科学史实等方式引入实验主题,激发学生的探究兴趣。随后,引导学生根据所学知识,结合实验条件,设计实验方案,包括实验目的、原理、步骤等;接着,要求学生按照实验方案进行实验,观察实验现象,记录实验数据。此外,要求学生对实验数据进行处理和分析,得出结论,并与同学进行交流和讨论。

(二)鼓励自主学习

1. 自主学习的重要性

在信息化时代,自主学习已成为学生必备的能力之一,通过自主学习,学生可以拓宽知识视野,提升信息素养,为终身学习奠定坚实的基础。在高校化学教学中,鼓励学生自主学习化学知识,不仅可以提高他们的学习效率和学习质量,还能培养他们的创新思维和解决问题的能力。

2. 自主学习的资源与方法

为了促进学生的自主学习能力,教师需要为他们提供丰富的学习资源和有效的学习方法。而图书馆是获取化学知识的重要场所,学生可以借阅相关书籍、期刊等文献,深入了解化学领域的前沿动态和研究成果。互联网则为学生提供了海量的学习资源,包括在线课程、教学视频、学术论文等。教师可以通过推荐优质网站、提供在线学习资源等方式,引导学生利用网络资源进行自主学习。此外,教师还需要教授学生有效的学习方法,如如何检索信息、如何筛选和整理资料、如何撰写学术论文等,帮助他们提高自主学习效率。

(三)培养批判性思维

1. 探究学习理论下的化学知识审视

在高校化学教学中,探究学习理论以其独特的魅力,为培养学生的批判性思维和创新能力提供了坚实的理论基础。这一理论强调,学习不应仅仅是知识的接受与记忆,更应是对知识的深入探究与批判性思考。在化学这门充满奥秘与挑战的学科中,鼓励学生们对所学知识进行质疑和反思,是提升他们科学素养的重要途径。在探究学习理论的指导下,化学课堂不再是教师单向传授知识的场所,而是学生主动探索、发现问题的乐园。教师通过设置引导性问题,激发学生对化学现象的好奇心和求知欲,鼓励他们运用所学知识去分析、解释甚至质疑现有的化学理论。这种教学方式鼓励学生跳出传统思维的框架,从不同角度审视化学知识,从而发现新的视角和可能性。此外,在质疑与反思的过程中,学生的批判性思维得到了有效锻炼。他们学会了如何评估信息的真实性和可靠性,如何在复杂多变的化学现象中抽丝剥茧,找到问题的本质。这种能力不仅有助于学生在学术上取得突破,更能为他们在未来的科研和职业生涯中提供强有力的支持。

2. 批判性思维驱动下的化学学习新路径

在探究学习理论的指引下,高校化学教学正逐步走向一条以批判性思维为核心,融合创新与实践的全新路径。在化学学习中,批判性思维使学生不再满足于书本上的知识,而是勇于提出自己的见解和假设。他们敢于挑战权威,对传统的化学理论进行重新审视和评估。这种勇于质疑的精神,为化学学科的发展注入了源源不断的活力。同时,批判性思维也促进了学生实践能力的提升。在探究学习的过程中,学生需要设计实验、收集数据、分析结果,这些实践活动不仅锻炼了他们的动手能力,更培养了他们的创新思维和问题解决能力。通过将理论知识与实际操作相结合,学生能够在实践中不断发现问题、解决问题,从而推动化学知识的创新与发展。

三、学习迁移理论的应用

(一)促进知识整合

1. 知识网络图的构建与运用

在高校化学教学中,学习迁移理论首先体现在促进知识的整合与归纳上。这一过程的核心是帮助学生建立起一个系统化的知识体系,使他们能够清晰地看到各个知识点之间的内在联系和逻辑结构。构建化学知识网络图是一种有效的教学方法,它不仅能够帮助学生将零散的知识点串联起来,形成完整的知识框架,还能够促进学生的深度学习,提高他们对化学原理的理解和应用能力。通过网络图的构建,学生可以直观地看到化学反应、物质性质、实验方法等知识点之间的关联,从而在脑海中形成一个清晰的知识地图,为后续的学习和迁移应用打下坚实的基础。

2. 跨学科知识的融合与迁移

除了构建化学知识网络图外,学习迁移理论还强调跨学科知识的融合与迁移。在化学教学中,教师应引导学生将化学知识与其他学科如物理、生物、环境科学等进行有机结合,通过跨学科的学习,拓宽学生的知识视野,培养他们的综合思维能力和创新能力。例如,在讲解化学反应速率时,可以引入物理学中的速率概念,通过对比和联系,加深学生对化学速率的理解;在讲解生物化学时,可以结合生物学知识,探讨化学物质在生物体内的代谢过程,从而使学生能够更好地理解化学与生命科学的紧密联系。这种跨学科的知识融合与迁移,不仅有助于学生形成更加全面的知识体系,还能够激发他们的学习兴趣,培养他们的科学素养和综合能力。

(二)强化实践应用

1. 实践中的知识迁移

学习迁移理论在高校化学教学中的一个重要应用是强化

实践应用,即鼓励学生将所学知识应用于实际问题的解决中,培养他们的实践能力和创新能力。化学竞赛和科研项目是实现这一目标的有效途径。通过参与化学竞赛,学生可以将所学的化学知识进行综合运用,解决复杂的化学问题,这不仅能够提高他们的解题能力,还能够培养他们的团队合作精神和竞争意识。而参与科研项目,则能够让学生更加深入地了解化学研究的前沿领域,体验科研过程,培养他们的科研素养和创新能力。在这些实践活动中,学生需要将理论知识与实际操作相结合,进行实验设计、数据分析和结果汇报,这些过程都是对所学知识进行迁移应用的重要环节。

2. 真实情境中的知识迁移

校企合作和实习实训是强化实践应用、促进学生知识迁移的重要方式,通过与化工企业、科研机构等建立合作关系,为学生提供真实的实践环境,让他们在实际工作中应用化学知识,解决实际问题。这种真实情境中的知识迁移,不仅能够使学生更加深刻地理解化学知识的应用价值,还能够提高他们的职业素养和就业竞争力。在实习实训过程中,学生可以亲身参与到化学产品的研发、生产、检测等各个环节,了解化学工业的实际运作流程,从而为他们未来的职业生涯奠定坚实的基础。同时,企业也可以从中选拔优秀人才,实现学校与企业的双赢。因此,高校应积极拓展校企合作渠道,为学生创造更多的实习实训机会,促进他们的知识迁移与能力提升。

四、学习进阶理论的应用

(一)设计进阶式学习任务

1.进阶式学习任务的构建要点

学习进阶理论强调学习是一个逐步累积、连续发展的过程。在高校化学教学中,设计进阶式学习任务应确保每个学习阶段都紧密相连,前一个阶段的学习为后一个阶段奠定基础。而且,学习任务应由浅入深,逐步提升难度,避免学习内容的跳跃或重复。并且,每个阶段的学习任务都应具有一定的挑战性,促使学生走出舒适区,但又不至于让学生感到过度挫败。

2.进阶式学习任务的具体实施

以化学反应原理的教学为例,教师可以通过课堂讲解、例题分析等方式,帮助学生掌握基本的化学反应原理,如反应速率、化学平衡等。然后设计一些基于基础概念的练习题或小实验,让学生在实践中巩固所学知识。而随着学生能力的提升,逐步引入更复杂的化学反应机理,如多步反应、催化机理等,鼓励学生通过查阅资料、小组讨论等方式进行探究。此外,应设计一些综合性的学习任务,如设计实验方案、撰写研究报告等,培养学生的综合应用能力和创新思维。

3.进阶式学习任务的评估

为了确保进阶式学习任务的有效性,教师需要建立科学的评估与反馈机制。通过定期测试、作业检查、小组讨论展示等方式,及时了解学生的学习进度和存在的问题。同时,教师应给予学生具体、有建设性的反馈,帮助他们明确改进方向,激发进一步学习的动力。

(二)关注学习路径

1. 学习路径的识别与分析

每个学生在学习化学时都有自己的学习路径和发展轨迹。教师可以通过多种方式收集学生的学习数据,如课堂表现、作业完成情况、测试成绩等,结合学生的自我反思和同伴评价,全面了解学生的学习状况。基于这些数据,教师可以识别学生的学习难点、兴趣点和潜力所在,为后续的个性化指导提供依据。

2. 个性化学习计划的制订

根据学生的学习路径分析,教师可以与学生共同制订个性化的学习计划。这个计划应包括短期的学习目标、长期的发展规划、具体的学习方法和资源推荐等。例如,对于在学习化学反应原理方面存在困难的学生,教师可以推荐一些额外的辅导材料或在线课程,帮助他们弥补知识短板;对于对某一领域特别感兴趣的学生,教师可以引导他们进行更深入的研究或参与相关的科研项目。

3. 持续的支持

个性化学习计划的实施是一个动态的过程,教师需要持续关注学生的学习进展,根据学生的反馈和实际情况调整学习计划。这包括调整学习目标的难易程度、更换学习方法、增加或减少学习资源等。同时,教师还应鼓励学生进行自我反思和自我管理,培养他们的自主学习能力和时间管理能力。

4. 促进同伴互助与合作学习

同伴互助和合作学习是促进学生学习路径发展的重要方式,教师可以组织学习小组,让学生在小组内相互讨论、分享经验、解决问题。这种学习方式不仅能够加深学生对化学知识的理解,还能培养他们的团队协作能力和社交技能。同时,通过观察同伴的学习路径和成功经验,学生可以从中获得启发和动力,进一步激发自己的学习热情。

(三)促进知识深化和拓展

1. 学习进阶理论下的化学内在联系探究

在高校化学教学中,学习进阶理论为促进学生知识的深化提供了强有力的支撑。这一理论强调,学习是一个逐步进阶的过程,通过引导学生深入探究化学知识的内在联系和规律,可以帮助他们建立起系统、完整的知识体系。在高校化学课程中,学习进阶理论的应用体现在对化学知识的层层剖析和逐步深入。教师不再仅仅满足于传授表面知识,而是引导学生从基本概念出发,逐步探究化学原理、反应机理以及物质性质之间的内在联系。例如,在学习有机化学时,教师可以通过分析不同有机化合物的结构特点,引导学生发现它们之间的共性和差异,进而理解有机反应的本质和规律。这种逐步深入的学习方式,不仅有助于学生巩固和深化所学知识,更能够激发他们的好奇心和求知欲。在探究化学知识内在联系的过程中,学生需要自主思考、分析问题,这种主动学习的过程比被动接受知识更能促进知识的内化和深化。同时,通过不断探究和发现,学生还能够拓宽自己的知识视野,将所学知识应用到更广泛的领域中。

2. 学习进阶理论下的化学规律探索

学习进阶理论在高校化学教学中的应用,不仅体现在知识的深化上,更体现在知识的拓展上。通过引导学生探究化学知识的内在联系和规律,这一理论为学生打开了一扇通往广阔化学世界的大门。在高校化学教学中,教师常常利用学习进阶理论来引导学生从已知知识出发,逐步探索未知的化学领域。例如,在学习无机化学时,教师可以通过分析元素周期表的排列规律,引导学生预测未知元素的性质,并设计实验进行验证。这种教学方式不仅让学生掌握了元素周期表的基本知识,更让他们学会了如何运用所学知识去探索未知的化学世界。此外,学习进阶理论还鼓励学生跨学科学习,将化学知识与其他学科的知识相融合,从而拓展知识的广度和深度。例如,在学习环境化学时,教师可以引导学生结合生物学、地理学等学科的知识,综合分析环境问题,提出解决方案。这种跨学科的学习方式,不仅有助于学生全面理解化学知识在实际应用中的价值,更能够培养他们的创新思维和综合能力。

第三节　现代教育技术在化学教学中的融合

一、多媒体与网络资源的应用

(一)直观学习,激发学习兴趣

1. 多媒体技术的视觉与听觉盛宴

多媒体技术以其独特的优势,将文字、图片、声音和视频等多种元素融合一体,为高校化学教学带来了前所未有的变革。在化学这一门既抽象又微观的学科中,多媒体技术的运用显得尤为重要。通过生动的图片展示分子结构、形象的动画模拟化学反应过程、清晰的视频演示实验操作,教师能够轻松地将复杂的化学原理和知识以直观、易懂的方式呈现给学生,极大地降低了学习难度,提高了学生的学习兴趣。

2. 创设情境,引发探究欲望

多媒体技术不仅为化学教学提供了丰富的表现手段,还能够帮助教师创设与教学内容紧密相关的生动情境。例如,在讲解化学反应速率和平衡时,教师可以通过多媒体课件展示不同条件下反应速率的变化,或者通过动画模拟反应过程中各物质的浓度变化,引导学生思考影响反应速率的因素,激发学生的探究欲望。这种情境化的教学方式,能够让学生在轻松愉快的氛围中掌握知识,培养他们的思维能力和科学素养。

3. 互动学习,提升参与度

多媒体技术还具有强大的交互性,能够通过设计互动环节,如提问、讨论、测验等,让学生积极参与到教学过程中来。这种互动学习的方式,不仅能够及时检测学生的学习效果,还能够根据学生的反馈调整教学策略,实现因材施教。同时,互动学习还能够增强学生的团队协作能力和沟通能力,为他们的全面发展打下坚实的基础。

(二)拓展学习资源,促进自主学习

1. 互联网是知识的海洋

互联网作为信息时代的重要标志,为高校化学教学提供了海量的学习资源。教师可以通过网络平台,如学术数据库、在线课程平台、专业论坛等,获取最新的科研成果、教学案例和专家观点,不断丰富自己的教学内容和教学方法。同时,教师还可以将这些资源推荐给学生,鼓励他们进行自主学习和探究,拓宽知识面,提高学习深度。

2. 个性化学习,因材施教

互联网上的学习资源具有多样性和个性化的特点,能够满足不同学生的学习需求,学生可以根据自己的兴趣、能力和学习进度,选择适合自己的学习材料和学习方式。例如,对于基础较弱的学生,可以选择一些基础知识的讲解和练习题;对于学有余力的学生,可以选择一些拓展性的学习内容和科研项目。这种个性化的学习方式,不仅能够提高学生的学习效率和学习效果,还能够培养他们的自主学习能力和创新思维。

3. 在线协作,共享智慧

互联网不仅为学生提供了丰富的学习资源,还为他们提供了便捷的协作平台。学生可以通过在线讨论、协作编辑、远程实验等方式,与同伴、教师甚至全球的学习者进行交流和合作,共同解决问题,分享学习成果。这种在线协作的学习方式,不仅能够促进知识的共享和智慧的碰撞,还能够培养学生的团队协作能力和跨文化交流能力,为他们的未来发展奠定坚实的基础。

4. 自我管理,培养终身学习能力

在互联网时代,自主学习和自我管理成为了学生必备的能力。教师可以通过引导学生制订学习计划、监控学习进度、反思学习过程等方式,培养他们的自我管理能力。同时,教师还可以鼓励学生利用互联网资源进行自主学习和探究,培养他们的终身学习能力。这种自我管理的学习方式,不仅能够让学生在大学期间取得更好的学习成绩,还能够为他们的未来学习和职业生涯提供有力的支持。

二、虚拟实验室与模拟实验软件的应用

（一）提高实验教学的安全性和效率

1. 安全性增强,降低实验风险

在传统的化学实验教学中,学生常常需要接触各种化学试剂和仪器设备,这不可避免地带来了一定的安全风险。尤其是对于初学者或操作不熟练的学生来说,错误的操作可能导致实验失败,甚至引发安全事故。而虚拟实验室和模拟实验软件的应用,则为学生提供了一个安全的学习环境。这些工具通过模拟真实的实验环境和操作过程,使学生在无须实际接触化学试剂的情况下,就能进行实验操作并观察实验现象。这大大降低了实验的风险,保障了学生的安全。

2. 成本节约,减少实验材料消耗

传统的化学实验需要大量的实验材料和设备,这些资源的采购和维护都需要一定的成本。而虚拟实验室和模拟实验软件的应用,则可以在很大程度上降低这些成本。学生可以在虚拟环境中进行实验操作,无须消耗实际的实验材料,从而降低了实验成本。同时,这些软件还可以根据教学需求进行多次重复使用,进一步提高了资源利用率。

3. 优化实验教学流程

虚拟实验室和模拟实验软件的应用,还可以提高实验教学

的效率,传统的化学实验需要学生进行烦琐的实验准备和后续处理工作,这些过程往往耗时且枯燥。而虚拟实验室和模拟实验软件则可以将这些过程自动化,使学生在短时间内就能完成实验操作并获取实验结果。这不仅可以节省学生的时间,还可以让他们将更多的精力投入到实验原理和方法的学习上,从而提高教学效率。

4. 灵活性强,能够适应不同教学需求

虚拟实验室和模拟实验软件具有很强的灵活性,可以根据不同的教学需求进行定制和调整,教师可以根据课程内容和学生的实际情况,选择适合的虚拟实验项目和实验条件,从而为学生提供个性化的学习体验。这种灵活性使得虚拟实验室和模拟实验软件能够更好地适应不同的教学场景和需求,进一步提高了实验教学的效果。

(二)培养学生的实验设计能力和创新能力

1. 反复实验,增强实验设计能力

在传统的化学实验教学中,由于实验材料和设备的限制,学生往往只能进行一次或有限次数的实验。这限制了学生对于实验原理和方法的深入探索和理解。而虚拟实验室和模拟实验软件则允许学生进行反复实验,不断调整实验条件,观察实验结果的变化。这种过程有助于学生更深入地理解实验原理和方法,培养他们的实验设计能力。通过反复实验,学生可

以逐渐掌握实验设计的技巧和方法,为未来的科研工作打下坚实的基础。

2. 激发学生创新思维

虚拟实验室和模拟实验软件为学生提供了一个自主探究的平台,学生可以根据自己的兴趣和好奇心,选择感兴趣的实验项目进行探究。在探究过程中,他们需要自己设计实验方案、选择实验条件、观察实验结果,并进行分析和总结。这种自主探究的过程有助于激发学生的创新思维和解决问题的能力。通过不断地尝试和探索,学生可以逐渐培养出独特的思考方式和创新能力,为未来的科学研究和创新工作提供源源不断的动力。

三、数字化手持技术与移动学习的应用

(一)实时采集实验数据,提高实验准确性

在数字化时代,手持技术如智能手机和平板电脑等已经渗透到生活的方方面面,它们同样也在高校化学教学中发挥着重要作用。结合先进的传感器和软件应用,这些数字化手持设备能够实时采集化学实验数据,并以直观的图表形式呈现出来。这一技术的应用,极大地提升了化学实验的准确性和可靠性,为学生提供了一个全新的学习体验。在传统的化学实验中,学生往往需要通过手工记录数据,再进行分析和绘图,这一过程不仅烦琐,而且容易出错。而数字化手持技术的引入,使得数

据的采集、处理和分析变得更加高效和准确。学生可以通过设备直接获取实验数据，实时观察数据变化，从而更深入地理解实验现象和数据分析方法。这种直观的学习方式，不仅提高了学生的学习效率，也激发了他们对化学实验的兴趣和热情。此外，数字化手持技术还能够帮助学生更好地掌握实验技能。通过实时采集数据，学生可以更加精准地控制实验条件，观察实验现象，从而加深对化学原理的理解。这种技术的应用，不仅提升了学生的实验能力，也为他们未来的科研和职业发展奠定了坚实的基础。

（二）支持移动学习，提高学习灵活性

随着移动互联网的迅猛发展，移动学习已经成为一种重要的学习方式。高校化学教学紧跟时代步伐，充分利用数字化手持技术和移动学习平台，为学生提供了更加灵活、便捷的学习途径。移动学习的优势在于其不受时间和地点的限制。学生可以在课余时间，通过手机或平板电脑等设备进行学习、复习和完成作业。这种学习方式不仅节省了时间，也提高了学习的效率。无论是在宿舍、图书馆还是在外出途中，学生都能随时随地进行学习，充分利用碎片时间，提升自我。

第二章　创新型化学教学模式探索

第一节　"导学互动"教学模式的构建

一、编写高校化学"导学提纲"应遵循的原则

(一)问题情境的创新性

高校化学知识一部分与日常生活、自然现象、当代科学技术紧密相关,但还有相当一部分是理论性较强的内容,知识点散而多,且需要一定的逻辑思维能力,比较枯燥,部分学生从心理上抗拒化学。要改变这种状况,教师在编写导学提纲时,其首要任务就是设置有新意、有创造性的问题情境,要在一开始就吸引住学生,激发学生的好奇心和求知欲。比如讲到"硫酸根离子的检验"可设计一个实验:取一溶液(标签背向学生),加入几滴氯化钡溶液(产生白色沉淀),继续加入稀硝酸沉淀不溶解,然后面向学生发问:这种溶液里有无硫酸根?大多数学生会不假思索地回答:有。这时教师慢慢拿起盛有溶液的试剂瓶,并把标签面向学生,标签为硝酸银,学生愕然,转而恍然大悟,学生们兴奋了。教师接着让学生讨论:该怎样检验溶液

中有无硫酸根？使学生悟出用氯化钡作试剂检验硫酸根的前提条件。

（二）问题链的梯度性

高校化学教材中每一节的内容大多从学生感兴趣的日常生活、自然现象、前沿科技等引入逐步复杂、抽象的化学式、化学方程式或更深层次的化学原理、相关计算。学生善于理解和记忆简单的基础知识，却不善于对基础知识进行二次挖掘和联想运用，往往陷入前半堂课"如沐春风"，后半堂课"如临深渊"的怪圈。所以，高校化学"导学提纲"的设计应该把每一节的知识点设置成有梯度的问题链，由浅入深，使学生自然而然地将新学的基础知识原理一点一点整合进已有的知识构架，并灵活运用。

（三）习题设置的多样性

化学的学习不是简单的化学方程式和化学原理的堆叠，要想将新知识融入已有知识构架，练习必不可少。适量的习题有助于加深学生对新知识的记忆与理解，以达到举一反三、触类旁通的效果。所以，一节优秀的高校化学课，习题的设置尤为重要，数量不要太多，但要有广度，更要有深度。

二、"导学互动"教学模式在高校化学课堂实施的具体步骤

(一)提纲导学

1. 激趣引入是"提纲导学"环节的第一步

俗话说:"良好的开端等于成功的一半。"所以在各教学环节中,导入在课堂教学中具有重要的地位。运用得当的导入,能够迅速激发学生的学习兴趣,集中学生的注意力。教师在设计导入内容时,要明确教学目标,围绕教学内容,贴近学生的生活实际和知识水平创设问题情境。导入内容的设计要简短,目的要明确,题材可新奇、可回顾、可直击重点。形式上要创设问题情境,如讲化学史故事、描述社会热门话题、举生活实例、做演示实验等。

2. 出示"导学提纲"是"提纲导学"环节的第二步

(1)"导学提纲"的设计与构成

在化学课堂教学中,"导学提纲"作为教学活动的核心指导,教师须根据化学学科的特点、学生的认知水平,以及具体的教学内容、目标和重难点,精心编制每一节课的"导学提纲"。这一提纲不仅是学生自主学习的路线图,也是教师组织、引导教学活动的依据。而"导学提纲"首先明确了本节课的学习目标、重难点,以及新知识与学生已有知识构架的联系,帮助学生

建立起清晰的学习框架。提纲的第二部分则聚焦于简单问题和基础知识点的呈现,这些内容通常通过问题式、填空式或框架式等多样化的形式展现,旨在通过学生的自主学习来掌握。这样的设计既符合学生的认知规律,也体现了"以学生为中心"的教学理念。而且,提纲的第三部分则涉及复杂问题知识的呈现,这部分内容鼓励学生通过小组讨论、合作互助的方式来探究和解决。问题链的设计引导学生逐步深入探究,体验科学探究的过程,从而深刻理解化学原理。在此过程中,教师不仅是知识的传授者,更是学生探究活动的引导者和支持者,帮助学生学会如何学习,如何探究。

（2）"导学提纲"的实施

"导学提纲"的实施是化学课堂教学的关键环节。新课导入之后,教师根据课堂类型和实际条件,灵活选择出示提纲的时机和形式,如利用小黑板、电子白板或活页等。随着提纲的逐步展开,引导学生一步步深入学习,自主探索,合作互助。在"导学提纲"的引导下,学生不仅掌握了新知识,更重要的是学会了如何梳理知识,如何运用新知识解决问题。提纲中的"知识梳理"部分,鼓励学生总结本节课的新知识,反思学习过程中的得与失,找出自己的困惑和不足。这一环节不仅有助于巩固新知识,还能提升学生的自我认知和学习策略。此外,"反馈练习"部分,则是学生对新知识进行应用训练的重要环节。通过练习,学生可以巩固新知识,同时进行自我检测,判断自己是否达到了学习目标。这种自我评估的方式,有助于培养学生的自主学习能力和自我管理能力。

3. 做自学设疑是"提纲导学"环节的第三步

学生在教学活动中处于主体地位,教师在教学活动中处于主导地位。学生依据"导学提纲"对教材进行预习,把遇到的问题做好记录。在这一步,教师要充分相信高中学生独立思考问题的能力,给学生充分思考、消化教材的时间。这样学生才会带着自己处理过的疑问认真听课,主动交流,逐渐掌握自学的方法和能力。

(二)合作互助

1. 小组交流是"合作互助"环节的第一步

学生在导学提纲的引导下预习后,会遇到或提出一些问题,这时教师引导学生进行分组交流讨论,各抒己见,相互借鉴,解决一部分问题。学习小组按照"组内程度各异,组间程度相近"的原则进行划分,挑选组织能力强、善于表达、敢于质疑的学生担任学科小组长,带领组员积极主动地参与小组交流,既要勇于提出自己的观点和看法,又要能够虚心接纳别人的意见和建议。交流讨论过程中,巡查各小组,关注各小组讨论情况,必要时参与讨论。

2. 展示评价是"合作互助"环节的第二步

讨论结束,由小组代表将解决的问题提出来进行成果展示,教师对解决问题多且质量好的小组进行表扬、奖励、评分。

3. 质疑解难是"合作互助"环节的第三步

由小组代表将不能解决或存在的共性问题提出来,让已解决此问题的小组进行讲解。若学生的讲解不详尽或有漏洞,教师要及时指出,并引导学生完善。对学生都无法解决的问题,由教师来讲解,要精讲。教师要精讲的是学生容易出错的、容易混淆的和容易遗漏的内容。教师在精讲时要特别注意逻辑性和严谨性,这时教师要在学生的潜意识中灌输科学素养。

(三)导学归纳

1. 学生归纳进行"导学归纳"环节的第一步

"合作互动"环节之后,学生已解决了本节课的绝大多数问题。这时教师利用已设计好的板书引导学生进行总结归纳,通过分析、比较,结合学生已有知识构架,培养学生对知识的整合能力。教师的引导必不可少,好的引导会使学生的归纳事半功倍。引导要适当,过多的引导会影响学生的自我发挥;引导过少或不引导则会影响学生对知识的掌握。

2. 教师进行"导学归纳"环节的第二步

学生归纳之后,教师对学生的表现作出评价,以示鼓励。学生归纳不完整、不严谨或错误之处须由教师指出,并加以提升。这样学生在掌握本节课知识的同时又增强了信心,有助于提高学生归纳、整合的能力。"导学归纳"决定了一节课的成败。在前两个环节,无论学生小组交流的热情有多高,问题解决得有多成功,缺少这个环节,都只能说是"行百里者半九十",学生学到的知识如同手里的沙子般容易流走。不让它流走,就必须给它加钢筋水泥,这就是知识的归纳整合。

(四)拓展训练

1. 拓展运用是"拓展训练"环节的第一步

练习题是学生对新知识掌握程度的直接反馈。教师编写练习题要贴合本节课知识点,联系旧知识点。要充分考虑学情,不能让学生"一看就知",也不能让学生"绞尽脑汁而不得"。上课时间有限,练习题数量要合理,学生要当堂完成。学生按要求进行练习,教师进行巡视抽查,发现学生在做题中出现的问题。学生完成练习题之后,教师要考虑到不同程度的学生,对共性错误进行有针对的集中解答,让学生明白错在哪里,给学生反思的时间。

2. 编题自练是"拓展训练"环节的第二步

教师引导学生根据自己对本节课知识的理解编写练习题,"在精不在多",选择知识运用巧妙的题目展现给学生,让学生进行练习。学生编写的训练题直接反映了学生对本节课知识的掌握程度和关注点,有利于教师及时发现学生对本节课知识学习的优势和不足。"拓展训练"是对学生所掌握的知识点的巩固、应用和证明,也是对教师本节课教学成败的试金石。没有"拓展训练"是有缺憾的一节课。学生对于任何知识点的掌握和巩固都是在不断的训练、再训练中完成的,这样才能达到灵活应用。

第二节　合作学习在化学课堂中的推广

一、合作学习的优势与理论基础

(一)合作学习的显著优势

1. 学生是学习的主体,教师是学习的引导者

在合作学习的模式中,学生真正成为了学习的主体,而教师则转变为学习的引导者和组织者。这种角色的转变,极大地激发了学生的学习积极性和学习动力。在合作学习中,学生不再是被动地接受知识,而是主动地参与到学习过程中,通过与同伴的交流和合作,共同探索知识,解决问题。教师则通过设置问题、设计实验、组织讨论等方式,为学生提供一个充满挑战和探索的学习环境。他们不再是知识的传授者,而是学生学习路上的引导者和伙伴,帮助学生发现问题,引导他们寻找解决问题的方法,从而培养学生的自主学习能力和批判性思维。这种以学生为主体的合作学习模式,不仅提高了学生的学习效率,还让他们在学习过程中体验到了成功的喜悦和成就感,进一步增强了他们的学习动力。

2. 培养学生的合作意识和团队精神

合作学习的一个重要优势在于它能够培养学生的合作意

识和团队精神。在合作学习中，学生需要相互配合、相互支持、相互合作，共同完成学习任务。这种合作不仅体现在知识的共享和问题的解决上，更体现在团队成员之间的相互理解和尊重上。通过合作学习，学生学会了如何与他人沟通、如何协调不同的意见、如何共同制定计划并执行，这些都是团队精神的重要组成部分。这种团队精神和合作能力对学生未来的学习和生活都具有重要的意义。它不仅能够帮助学生更好地适应未来的工作环境，还能够让他们在社会中更好地与他人相处，成为具有社会责任感和团队精神的公民。

3. 提高学生解决问题的能力

在合作学习中，学生面对的问题往往不是单一的、简单的，而是需要综合运用多种知识和技能来解决的复杂问题。这就需要学生之间互相合作，集思广益，共同寻找解决问题的最佳方案。在这个过程中，学生不仅学会了如何分析问题、如何提出假设、如何验证假设，还学会了如何从不同的角度思考问题，如何接受和尊重他人的观点。这些能力都是解决问题所必需的，也是学生未来生活和工作中不可或缺的综合素质。通过合作学习，学生能够在解决问题的过程中不断锻炼自己的思维能力和创新能力，为未来的挑战做好准备。

4. 有助于调动学生的积极性

在合作学习中，学生会逐渐意识到自身存在的不足，并在其他组员的帮助下更愿意参与教学活动。这种参与不仅体现在对知识的主动探索上,还体现在与同伴的积极互动和合作上。学生一旦参与到合作学习中,就可以同其他组员展开更为充分的交流,分享彼此的想法和观点,从而更好地完成学习任务。这种交流不仅有助于学生之间的知识共享和相互启发,还能够让学生在合作中感受到团队的力量和集体的智慧。通过合作学习,学生能够在轻松愉快的氛围中学习,体验到学习的乐趣和成就感,从而更加积极地投入到学习中去。

5. 有助于培养学生的创新精神

通过合作学习,学生之间会形成"支持性风气",学生之间的相互信任、合作的程度会有所增加,他们共同完成的作品也就更具创新性和多样性。总而言之,合作学习对培养学生的合作精神、团队意识和集体观念等均有很大帮助,还能在一定程度上弥补一个教师难以面向有差异的众多学生教学的不足,便于教师因材施教,最终帮助学生真正实现个体发展目标。

(二)合作学习的理论基础

1. 社会互赖理论

社会互赖理论源于20世纪初的格式塔心理学。作为格式塔心理学代表人物之一的库尔特·考夫卡(Kart Koffka)提出了"群体动力整体性",认为群体是可以变化的动力整体,群体成员之间具有互赖性。在库尔特·考夫卡的研究基础上,他的同事库尔特·勒温(Kurt Lewin)进一步指出群体动力的本质就是让群体成为"动力整体"成员之间的互赖。库尔特·勒温的弟子莫顿·道奇(Morton Deutsch)对产生群体动力的互赖类型进行了研究,将其分为积极社会互赖与消极社会互赖两种。经过长时间发展,20世纪70年代,随着教育社会心理学的兴起,莫顿·道奇的学生约翰逊兄弟发展了莫顿·道奇的观点,将其拓展为"社会互赖理论",他们致力于合作与竞争关系的研究,认为除了莫顿·道奇提出的两种互赖类型之外,还存在无互赖的情境,这使得社会互赖理论更为系统。积极的互赖指的是学生只有积极合作才能达成任务目标,个人的目标才有可能实现,对应的是课堂中的群体合作关系,合作对任务的完成起着积极的促进作用。消极的互赖指的是个体只有与其他个体竞争并且打败对方,才可以达成自己的目标,对应的是课堂上的群体竞争关系,个人的目标与其他学习同伴的目标是相互排斥的。

2. 自控论原理

人本主义心理学派的威廉·格拉塞(William Glasser)博士,在20世纪80年代发表的著作《自控论》和《自控论在课堂》中阐述了自控论原理,这一理论为合作学习的发展奠定了理论基础。自控论原理建立的事实基础是"人的行为是内在动机和自身的各种需要所驱使的"。人的一生从出生开始就在寻找各种方式去满足自身的需要。学生的心理需要包括爱和力、自由和娱乐。格拉塞认为爱的需要即归属的需要,比较容易满足,重要的是力的需要,即"有人愿意听我说话,认为我的话很有道理,愿意按照我的说法去做"。此外,格拉塞指出,学生对自由和娱乐的需要也应该予以满足。让课堂充满乐趣,学生才会积极学习。课堂是学生日常生活的一部分,学生在课堂上不仅是为了获取知识,还有感受爱和温暖的需要。

二、合作学习在高校化学课堂中的推广方式

(一)构建合作学习环境

1. 设立合作学习区域

在高校化学课堂中,为了有效推广合作学习,可以设立专门的合作学习区域。这些区域可以配备必要的学习工具和资料,如实验器材、参考文献等,以便学生进行小组讨论和实践操作。通过设立合作学习区域,不仅能够为学生提供一个良好的合作学习环境,还能激发学生的合作学习兴趣,提高他们的合作意识和能力。

2. 制定合作学习规范

为了确保合作学习的顺利进行,教师需要制定一套明确的合作学习规范。这些规范应包括小组成员的分工、合作流程、交流方式等。在合作学习开始前,教师应向学生详细解释这些规范,并确保每个学生都理解并遵守。通过制定合作学习规范,可以保障合作学习的有序进行,提高合作学习的效率。

3. 创设合作学习情境

为了让学生更加积极地参与到合作学习中来,教师可以创

设一些富有挑战性和趣味性的合作学习情境。例如,可以设计一些需要小组合作才能完成的化学实验或研究项目,让学生在实践中体验合作的乐趣和重要性。同时,教师还可以设置一些奖励机制,如最佳合作小组奖、最佳创新奖等,以激励学生更加努力地参与合作学习。

(二)合作学习的具体实施

1. 小组组建与角色分配

在合作学习中,小组的组建和角色的分配至关重要。教师应根据学生的兴趣、特长和学习能力等因素,合理地组建合作小组。同时,为了确保每个小组成员都能积极参与到合作学习中来,教师还需要为每个小组分配不同的角色,如小组长、记录员、发言人等。通过明确的角色分配,可以增强学生的责任感和参与感,提高合作学习的效果。

2. 设计合作学习任务

为了推动合作学习的深入进行,教师需要精心设计一些具有挑战性和探究性的合作学习任务。这些任务可以围绕化学课程中的重点、难点或热点问题展开,要求学生通过小组讨论、实验探究等方式共同完成。在设计任务时,教师还应注重任务的层次性和梯度性,以便满足不同学生的学习需求。通过完成这些任务,学生不仅可以巩固所学知识,还能培养他们的合作意识和问题解决能力。

3. 引导合作学习过程

在合作学习过程中,教师的引导作用不容忽视。教师应密切关注每个小组的学习动态,及时给予指导和帮助。当学生在合作过程中遇到困难或分歧时,教师应鼓励他们通过讨论和协商来解决问题,而不是直接给出答案。同时,教师还应引导学生学会倾听他人的意见,尊重他人的观点,培养他们的沟通能力和团队协作精神。

4. 展示合作学习成果

为了让学生更加珍视合作学习的成果,教师需要为他们提供展示成果的机会。例如,可以组织一些小组汇报会、成果展示会等活动,让学生将他们的合作学习成果以报告、PPT、实验演示等形式展示出来。通过展示成果,不仅可以增强学生的自信心和成就感,还能让他们更加深入地理解所学知识,培养他们的表达能力和创新能力。

5. 反思与总结合作学习经验

在每次合作学习结束后,教师都应引导学生进行反思和总结。学生可以回顾合作学习的过程,分析合作中的成功经验和不足之处,并提出改进建议。通过反思和总结,学生可以更加深入地理解合作学习的价值和意义,提升他们的合作能力和学习效果。同时,教师还可以通过学生的反思和总结,了解合作学习的实施情况,为今后的教学提供有益的参考。

6.整合线上线下资源,拓展合作学习空间

随着信息技术的发展,线上线下相结合的方式为合作学习提供了新的可能。教师可以利用网络平台、在线课程等资源,为学生提供更加丰富的合作学习材料。同时,教师还可以通过网络平台与学生进行实时互动和交流,及时解决学生在合作学习中遇到的问题。通过整合线上线下资源,不仅可以拓展合作学习的空间和时间,还能提高学生的信息化素养和自主学习能力。

7.建立激励机制,促进合作学习持续发展

为了激励学生更加积极地参与到合作学习中来,教师需要建立一套完善的激励机制。这包括定期评选优秀合作小组、颁发证书和奖品等。同时,教师还可以将学生的合作学习表现纳入课程评价体系,作为评价学生学业成绩的重要依据。通过建立激励机制,可以激发学生的合作热情,促进合作学习的持续发展。

第三节 翻转课堂在化学教学中的运用

一、基于翻转课堂的高校化学教学设计

(一)课前教学活动设计

1. 制作微视频等资源

翻转课堂中的自主学习资源多以微视频的形式呈现,但也并非局限于微视频一种形式,音频、PPT 等多种形式手段的运用更有利于学生的学习,通常采用的是传统的录像机搭配 PPT 的形式进行录制,帮助学生初步理解知识点并引导其解决问题。

2. 发放学习任务单

所谓学习任务单,是教师设计的帮助学生在课前明确自主学习的内容、目标和方法,并提供相应的学习资源,以表单为呈现方式的学习路径文件包。一个好的学习任务单中应包含学习指南、学习任务、问题设计、建构性学习资源、学习测试、学习档案和学习反思等项内容。这样,才能够引导学生独立思考、提出问题,而不局限于解决教师提出的问题。

3. 上传自主学习资源

教师需精心准备各类学习资料,包括电子教材、课件、视频教程、实验指南以及拓展阅读材料等,并将它们以文件夹的形

式系统地上传到班级群邮箱或线上云盘共享。这样做不仅确保了学生能够随时随地下载并查看这些资源,还极大地提升了学习的灵活性和自主性。学生可以根据自己的学习进度和兴趣点,有选择地进行预习和复习,为后续的课堂学习打下坚实的基础。同时,这种资源共享的方式也有助于培养学生的自我管理能力,让他们在自主探索中逐渐掌握学习的主动权,从而更加积极地参与到化学学习中来。

4. 构建师生交流平台

充分利用网络的优势,使学生在家可以通过留言板、QQ群、邮箱等网络交流工具与其他同学互动沟通,了解彼此之间的收获与疑问;同学之间能够互动解答,教师可以通过这一交流平台接收学生自主学习的反馈,并应用于课堂的教学设计中。

(二)课中教学活动设计

1. 知识梳理,发现问题

学生以小组为单位,将课前自主学习的内容分门别类地系统阐述,并提出组内同学存在的疑惑和问题。教师引导学生将知识点连贯形成体系的同时修正学生的答案,找出错误原因进行指导和小结。在这一环节中,学生会逐步提高自己发现问题的能力。

2. 进阶作业,深化问题

在解决了课前学习问题的基础上,教师应提出一系列具有思维容量的问题,这些问题旨在引导学生深入思考、拓展思路,而不仅仅是对知识点的简单回顾。进阶作业可以以多种形式呈现,如案例分析、实验设计、问题解决等,要求学生当堂完成并提交。通过作业的完成情况,教师可以及时发现学生在知识掌握上的薄弱环节,进而组织学习小组进行讨论探究。这种合作学习的方式不仅有助于知识的进一步内化,还能培养学生的团队协作能力和批判性思维,使他们在相互启发中不断成长。

3. 总结提升,建立联系

课前知识的获取和课堂知识的深化,最终都是为了促进教学目标的全面达成。在知识维度目标实现的基础上,教师需要进一步总结提升,帮助学生建立起知识之间的内在联系。这包括将分散的知识点整合成知识体系,形成清晰的知识网络,以及引导学生探索知识背后的原理、规律和应用场景。通过总结提升,学生不仅能够更好地理解和记忆所学知识,还能在解决问题的过程中灵活运用,实现知识的迁移和创新。同时,这一过程也有助于促进学生在能力、方法和情感方面的全面发展,使他们在化学学习中获得更加丰富的体验和感悟。

二、翻转课堂在化学教学中的具体应用

(一)翻转课堂与化学教学结合的可能性

1. 翻转课堂解决化学教学难题

在传统模式下,学生往往因为对化学缺乏兴趣和信心而感

到焦虑,主体地位不突出,学习内化环节缺失,课后练习又缺乏有效的监督和评价。这些问题不仅影响了学生的学习效果,也制约了化学教学质量的提升。然而,翻转课堂的引入为这些问题提供了有效的解决方案。在翻转课堂中,学生可以在课前通过视频等自学材料独立学习,这一环节不仅保护了学生的自尊心,还为他们提供了反复练习的机会,有助于树立学习化学的信心。课前自学为学生创造了充分的准备时间,使得他们在课堂上的发言更加成熟、有条理,从而有效提升了课堂参与度。此外,翻转课堂强调学生的主体地位,鼓励他们在课堂上进行互评互助、合作探究,这不仅增强了学生的学习主动性,还促进了知识的深度内化。教师在课堂上则更多地扮演了引导者和辅导者的角色,能够更专注于梳理知识、提供个性化指导,以及进行及时的反馈评价。

2. 翻转课堂提升化学学习体验

在课后,翻转课堂通过在线平台实现了课堂的延伸,教师可以要求学生上传化学作业,进行实时监督和评价。这一功能不仅解决了教师难以检查学生课后作业完成情况的问题,还使得教师能够更准确地把握不同班级、不同学生对知识的掌握程度,从而进行更有针对性的教学调整。此外,翻转课堂还促进了学生之间的交流和合作。在课前自学阶段,学生可以通过在线平台与教师、同学进行互动交流,这种即时的反馈机制有助于学生及时解决学习中的疑惑。在课堂上的合作探究环节,学生更是能够充分发挥团队精神,共同解决问题,这种学习方式不仅提高了学习效率,还培养了学生的沟通能力和团队协作精神。翻转课堂通过其独特的教学模式,为学生创造了一个更加积极、主动、高效的学习环境,使得化学学习变得更加有趣、有效。

(二)利用翻转课堂教学方法来进行教学,提高学生的创新能力

以往的化学教学过程中,教师主要是以问题的设问来引导学生进行回答,增加学生对答案的理解度,对化学知识点的深入研讨和分析关注较少,导致学生的学习积极性和创新能力较差。教师利用翻转课堂这一教学方法进行教学,可以充分利用课堂教学的时间来解决化学疑难问题。学生可以在课前预习时对不理解的重点和难点知识进行记录,在研究和分析的基础上,课堂上与教师深入研讨,提高解决问题的能力。另外,从教师的角度来说,其在实际教学过程中可以利用翻转课堂教学时间,来和学生进行交流,培养学生的独立思考能力和创新能力,提高学生的实践能力。

(三)利用翻转课堂教学方法来进行教学,增强学生的协作能力,促进学生的全面发展与能力提升

1. 翻转课堂增强学生协作能力

在化学教学中,翻转课堂作为一种创新的教学模式,为增强学生协作能力提供了有效途径。明确教学知识点并确定问

题,是翻转课堂实施的基础。通过多媒体资源的引入,如生动有趣的视频、动画等,教师能够迅速吸引学生的注意力,使化学新章节知识的呈现更加直观、形象。这种灵活的教学方式,不仅激发了学生的学习兴趣,还为后续的协作学习奠定了坚实的基础。在确立了化学教学知识和问题之后,教师可以将翻转课堂教学与分组教学相结合,通过小组协作的方式,进一步强化对学生的指导。每个小组人数控制在 3~5 人,既保证了协作的效率,又便于教师进行管理。在小组协作过程中,学生需要相互交流、讨论,共同解决实验中的问题,这不仅增强了学生的沟通能力,还培养了他们的团队协作精神。例如,在"化学反应"的实验教学中,教师可以根据实验的不同环节,对小组进行明确分工,如物质提取、设备调整等,确保每个学生都能参与到实验中来,从而提高学生的实验操作能力。

2. 翻转课堂促进学生的全面发展与能力提升

翻转课堂在化学教学中的应用,不仅增强了教学的灵活性,还极大地促进了学生的全面发展与能力提升。通过小组划分和协作学习,学生能够在实际实验过程中及时检查并调整自己的操作方法和行为,这种即时的反馈机制有助于学生形成科学的实验态度和方法。同时,小组协作还激发了学生化学学习的积极性,使他们在探索化学奥秘的过程中,不断发现新问题、解决新难题,从而提高了学生的创新能力。此外,翻转课堂还强调对学生实验方法和学习情况的及时评价,这种评价不仅关注学生的学习结果,更重视学生的学习过程和方法,有助于实现化学教学的目标。对于初中化学基础薄弱的学生来说,翻转课堂提供了一个弥补不足、提升自我的机会。他们可以在课前通过自学材料预习新知识,在课堂上与同伴共同协作、探讨问题,在课后通过在线平台获取教师的个性化指导,从而逐步克服化学学习的困难,提高学习成绩。因此,翻转课堂在化学教学中的应用,不仅满足了新课标的教学要求,还为学生的全面发展提供了有力支持。

(四)化学翻转课堂教学的辅助策略

1. 翻转模式下构建认知情境

翻转课堂的化学教学模式,应该符合以下特征:课前获取知识,课中对所学内容进行交流和深化,课后巩固深化学习成果。因此,在翻转模式的背景下构建认知情境,一方面,教师应该选择一个或多个教学情境,从情境中学生能够获得知识和提高能力,真实的物理环境应该反映知识的真实运用情况,并且充分保证这种环境对学生学习的积极作用;另一方面,教师应该提供必要的支架。视频的制作应该既能提供真实的情境,也能搭建支架,使学生能够在复杂的情境中探索知识;同时,教师也能在活动中进行指导,随时给予学生以帮助和建议。

2. 挖掘微信资源,利用边角时间

教师可以通过搜索和筛选,订阅一批高质量的化学订阅号,这些订阅号通常涵盖化学前沿动态、实验技巧、知识点总结

等内容。在课堂上,教师可以与学生分享这些订阅号,并指导他们如何有效地利用这些资源进行学习。此外,教师还可以鼓励学生利用碎片时间,如课间休息等车等餐等时间,浏览订阅号中的文章或视频,从而充分利用边角时间,提高学习效率。通过这种方式,学生不仅能够拓宽视野、增长见识,还能在轻松愉快的氛围中感受到化学的魅力。

第四节　POA 教学模式在化学课堂中的实践

一、明确教学目标与产出任务

(一)确定教学目标

1. 理解并遵循 SMART 原则

在高校化学课堂的 POA(目标-产出-评估)教学实践中,首要任务是明确教学目标。这些目标需根据化学课程大纲和学生的实际水平来制定,确保它们具有具体性(Specific)、可衡量性(Measurable)、可达成性(Achievable)、相关性(Relevant)和时限性(Time-bound),即遵循 SMART 原则。具体性要求目标描述清晰,不模糊;可衡量性意味着目标应有明确的评估标准,以便判断学生是否达成;可达成性则要求目标设定合理,既不过高也不过低,能够激励学生努力;相关性强调目标与课程内容及学生需求的紧密联系;时限性则要求目标有明确的完成时间,促使学生合理安排学习进度。

2. 细化目标,兼顾知识与技能

在明确教学目标时,教师应将总体目标细化为具体的知识点和技能点。例如,对于某一化学原理,目标可以设定为"学生能够理解并解释该原理的基本概念、应用场景及实验验证方法"。这样的目标既包含了理论知识的学习,也涵盖了实践技能的培养。同时,教师还应考虑学生的不同层次和兴趣,设计分层次的教学目标,以满足不同学生的学习需求。

3. 强调目标与教学活动的匹配

教学目标的明确不仅是为了指导学生的学习,更是为了指导教师自身的教学活动。在 POA 教学模式中,教师应根据教学目标设计相应的教学活动,如课堂讲解、实验操作、小组讨论等。这些活动应紧密围绕教学目标展开,确保学生在参与活动的过程中能够逐步达成目标。此外,教师还应通过提问、测试等方式,及时检查学生对目标的掌握情况,以便调整教学策略。

(二)设计产出任务

1. 产出任务的意义与要求

在 POA 教学模式中,产出任务是连接教学目标与学生实践的重要桥梁,设计具有实际意义的产出任务,能够激发学生的学习兴趣,促使他们将所学知识应用于实践中。这些任务应与学生的日常生活、专业发展或社会热点紧密相关,如分析某种化学现象的原因、设计并实施一个化学实验、提出解决化学问题的方案等。同时,产出任务还应具有一定的挑战性和创新性,鼓励学生在完成任务的过程中进行思考和探索。

2. 产出任务的设计要点

在设计产出任务时,一方面任务应与教学目标保持一致性,确保任务能够全面反映教学目标的要求;另一方面教师应充分考虑任务的可行性,根据学生的实际情况和能力水平,设计他们能够完成的任务。而且,教师要着重于注重任务的多样性,通过不同类型的任务,如实验、报告、演讲等,培养学生的多种能力。

3. 产出任务的实施

在实施产出任务时,教师应给予学生充分的指导和支持。这包括提供必要的资源、解答学生的疑问、监控任务的进度等。同时,教师还应鼓励学生之间的合作与交流,通过团队协作完成任务。在任务完成后,教师应及时给予学生反馈,指出他们在任务完成过程中的优点和不足,并提出改进建议。这种反馈不仅有助于学生提升学习效果,还能激发他们的学习动力,为后续的学习奠定良好的基础。通过明确教学目标和设计具有实际意义的产出任务,POA 教学模式在高校化学课堂中能够发挥重要作用。它不仅能够提高学生的学习兴趣和积极性,还能培养他们的实践能力和创新思维。同时,这种教学方式也有助于教师更好地了解学生的学习情况,调整教学策略,提升教学质量。因此,高校化学教师应积极探索和实践 POA 教学模式,为学生提供更加优质的教学服务。

二、高校化学课堂中,实施 POA 教学模式的主要流程

(一)驱动阶段

1. 创设情境,引发思考

在高校化学课堂的驱动阶段,教师的首要任务是创造一个能够迅速吸引学生注意力的教学情境。这通常通过展示一个引人入胜的化学实验或提出一个与日常生活息息相关的化学问题来实现。例如,教师可以通过演示"火山爆发"实验,模拟地壳中岩浆喷发的壮观景象,以此激发学生对化学反应原理的好奇心。或者,教师可以提出如"为何加碘盐能预防甲状腺肿大?"这样的问题,将化学知识与学生的健康意识紧密相连,从而激发他们的学习欲望。

2. 提出问题,设定任务

在引起学生兴趣后,教师应紧接着提出一个或一系列与展示现象或问题紧密相关的问题,这些问题应具有一定的挑战性,但又在学生通过努力可以解决的范围内。同时,教师需要明确产出任务,即学生最终需要完成什么,比如撰写一篇关于

该化学现象的解释性文章,或设计一个验证相关化学原理的实验方案。这样的任务设定不仅为学生提供了清晰的学习方向,也促使他们在后续的学习过程中保持目标导向。

(二)促成阶段

1.知识输入,构建体系

进入促成阶段,教师需要为学生提供必要的化学知识和实验技能输入,帮助他们建立起解决产出任务所需的知识体系。这一过程中,教师应注重知识的系统性和逻辑性,确保学生能够理解并掌握关键概念。例如,在讲解化学反应原理时,教师可以结合实验演示,详细解释反应物、产物、反应条件等基本概念,并通过实例说明不同类型的化学反应及其特征。

2.多样教学,促进内化

为了加深学生对知识的理解,促成阶段应采用多样化的教学手段。除了传统的讲解和演示外,教师还可以组织小组讨论,让学生在互动交流中碰撞思想火花,共同解决问题。此外,实验操作是化学学习中不可或缺的一环,通过亲手操作,学生可以直观观察到化学变化的过程,加深对理论知识的理解。教师应鼓励学生根据产出任务的需要,选择性地深入学习相关知识,并引导他们学会如何筛选、整合和应用信息。

3.自主学习,强化实践

在促成阶段,自主学习同样重要。教师应鼓励学生利用课余时间查阅相关资料,拓展知识面,为完成产出任务做好充分准备。同时,通过布置实验作业或项目,让学生在实践中巩固所学知识,提升实验技能。例如,教师可以要求学生设计并实施一个验证化学平衡原理的实验,从实验设计、材料准备、操作过程到结果分析,全程由学生自主完成。这样的实践活动不仅锻炼了学生的动手能力,也培养了他们的创新思维和问题解决能力。

4. 反馈调整,优化学习

在促成阶段的后期,教师应及时收集学生的学习反馈,了解他们在知识掌握和技能提升方面存在的问题,并据此调整教学策略。通过个别辅导、集体讲解或在线讨论等方式,帮助学生解决疑难,优化学习过程。同时,教师还应鼓励学生之间互相评价作品,促进彼此之间的学习和借鉴,共同提高。通过驱动阶段和促成阶段的有机结合,POA 教学法在高校化学课堂中能够有效激发学生的学习兴趣,促进知识的内化和技能的提升,为培养具有创新精神和实践能力的高素质化学人才奠定坚实基础。

(三)学习效果评价阶段

高校化学教师需要对学生的选择性学习效果和产出练习进行即时性评价,对其完成的产出成果进行延时评价,评价应关注学生的学习过程、产出质量以及关键能力的提升情况,通过同伴评审、自我评价和教师反馈等多种评价方式,帮助学生识别自身的优点和不足,促进学生的自我改进。

第五节　问题式学习(PBL)教学模式在化学教学中的应用

一、PBL 在高校化学教学中的优势

(一)提高学习兴趣和动力

在高校化学教学中,PBL(Problem-Based Learning,问题式学习)以其独特的教学模式,显著提高了学生的学习兴趣和动力。传统的教学方法往往侧重于理论知识的传授,而 PBL 教学模式则让学生置身于解决实际问题的情境中,这种身临其境的学习方式使得学习过程充满了探索性和趣味性。当学生们面对一个个生动的化学问题时,他们不再是被动的知识接受者,而是成为了主动的知识探索者。在解决问题的过程中,学生们能够深刻体会到化学知识的实用性和魅力,从而激发出强烈的学习兴趣和持久的学习动力。这种由内而外的驱动力,不仅有助于学生在当前的学习阶段取得优异成绩,更为他们未来的终身学习奠定了坚实的基础。

(二)培养综合能力

在 PBL 模式下,学生们需要围绕一个核心问题展开多方面的探究,这要求他们不仅要具备扎实的化学基础知识,还要

能够灵活运用这些知识去分析问题、解决问题。这一过程中，学生解决问题的能力得到了极大的锻炼。同时，PBL 教学模式还鼓励学生进行批判性思考，对已有的知识和观点进行质疑和反思，从而培养出更加独立和深刻的思维能力。在团队合作中，学生们需要学会沟通协作，共同面对挑战，这有助于提升他们的团队精神和人际交往能力。此外，PBL 教学模式还强调学生的自主学习，鼓励他们在课外时间主动查阅资料、拓展知识，这种自我驱动的学习方式对于培养学生的自主学习能力至关重要。

(三)促进知识的应用和迁移

在高校化学教学中，PBL 教学模式能够让学生们在解决实际问题的过程中，将所学的化学知识运用到实践中去。这种"学以致用"的学习方式，不仅加深了学生对知识的理解，还提高了他们运用知识解决实际问题的能力。同时，PBL 教学模式所设计的问题往往具有开放性和情境性，这要求学生在解决问题的过程中，不仅要能够灵活运用已有的知识，还要能够根据实际情况进行知识的迁移和创新。这种能力的培养，对于学生未来在化学领域或其他领域的职业发展都具有重要的意义。在 PBL 教学模式下学习，学生能够更加自信地面对各种复杂的化学问题，并能够在不同的情境中灵活运用所学知识，展现出强大的适应能力和创新能力。

（四）适应未来社会的需求

在当今这个快速变化的社会中，PBL 教学模式所培养的学生能够更好地适应未来社会的需求。PBL 教学模式不仅注重知识的传授，更强调学生综合能力的培养和创新精神的培养。这种教育理念与未来社会对人才的需求高度契合。未来社会需要的不再是单一的知识型人才，而是具备多方面能力、能够灵活应对各种挑战的综合型人才。PBL 教学模式通过让学生解决实际问题、进行团队合作和自主学习等方式，锻炼了学生解决问题的能力、沟通协作能力和自主学习能力，同时也培养了学生的创新思维和批判性思维。这些能力都是未来社会中不可或缺的重要素质。因此，可以说 PBL 教学模式为高校化学教学注入了新的活力，为培养适应未来社会需求的高素质化学人才提供了有力的支持。

二、PBL 教学模式在高校化学教学中的应用

（一）问题设计

在高校化学教学中，PBL 教学模式的应用首先体现在问题设计上，设计的问题需具备挑战性和实际意义，能够激发学生的学习兴趣和思考欲望。这些问题应当与化学知识紧密相连，同时贴近现实生活，使学生在探索问题的过程中感受到化学的魅力和实用性。例如，可以设计关于环境污染的问题，如

塑料垃圾的处理与回收,或者与新材料开发相关的问题,如太阳能电池材料的研发等。这样的问题不仅能够引导学生深入思考,还能激发他们探索未知的热情。通过解决这些问题,学生能够更深刻地理解化学原理,掌握化学知识,并将其应用于解决实际问题中。

(二)学生团队

在 PBL 教学模式下,学生通常会组成团队来共同解决问题。这种团队合作的方式有助于培养学生的团队意识和沟通能力。在团队中,每个成员都有其特长和责任,需要相互协作、共同努力。通过分工合作,学生不仅能够发挥各自的优势,还能在合作中相互学习、相互启发。这种合作学习的方式不仅能够提高学生的学习效率,还能培养他们的团队协作精神,为他们未来的学习和工作打下坚实的基础。同时,团队合作也有助于培养学生的领导力和组织能力,使他们在解决问题的过程中不断成长。

(三)资源整合

在 PBL 教学模式下,学生需要整合和利用各种资源来解决问题。这些资源包括教科书、网络搜索、实验数据等。通过资源整合,学生能够学会如何有效地获取和处理信息,提高他们的自主学习能力。在解决问题的过程中,学生需要学会筛选有用的信息,排除无关紧要的干扰,从而更加专注地投入到问题研究中。同时,资源整合也要求学生具备一定的批判性思维,能够对获取的信息进行客观的分析和评价。通过这种方式,学生不仅能够更加深入地理解化学知识,还能培养他们的信息素养和自主学习能力,为他们未来的学习和研究提供有力的支持。

(四)项目实施与展示

在 PBL 教学模式下,学生需要按照计划进行研究和实践,收集数据、分析问题、提出解决方案。这是一个系统而复杂的过程,需要学生充分发挥他们的创造力和实践能力。通过参加项目实施,学生能够更加深入地理解化学知识,掌握科学研究的基本方法和技能。同时,项目实施也是一个不断试错和修正的过程,有助于学生培养坚韧不拔的精神和解决问题的能力。在项目完成后,学生需要以口头报告、海报展示、视频制作等形式展示他们的成果。这种展示不仅有助于学生梳理和总结他们的学习成果,还能提高他们的表达能力和自信心。其他学生和教师对项目进行评价和反馈,帮助学生进一步提高,为他们的学习和成长提供有益的指导。

第三章　高校化学教学模式实施策略

第一节　教学内容的优化与整合

一、高校化学教学内容的优化

（一）紧跟科研前沿，更新化学教学内容

1. 引入最新科研成果

教师应密切关注化学领域的最新研究动态，将新兴的科研成果和前沿知识融入课堂教学。这不仅能够激发学生的学习兴趣，还能帮助他们了解化学学科的发展趋势，培养科学素养。例如，在讲解有机化学时，可以引入最新的有机合成方法和技术，如点击化学、金属有机框架材料（MOFs）等；在讲解无机化学时，可以介绍新型的无机材料，如二维材料、纳米材料等。通过这些前沿知识，学生可以了解到化学学科的最新进展，从而拓宽视野，增强学习兴趣。

2. 多学科教学内容的有机融合

随着科学的不断发展，化学与其他学科的交叉融合越来越

紧密。因此,在优化化学教学内容时,还应注重跨学科知识的整合。例如,在讲解物理化学时,可以结合材料科学、生物学等领域的相关知识,探讨材料的物理化学性质及其在生物医学领域的应用;在讲解分析化学时,可以引入计算机科学和数据处理技术,介绍现代分析仪器的工作原理及数据分析方法。这种跨学科的知识整合,有助于学生建立更加全面的知识体系,提高解决实际问题的能力。

(二)强化实验教学,丰富化学教学内容

1.增加实验教学比重

高校应增加实验教学的比重,确保每位学生都能亲自动手进行实验操作。这不仅可以帮助学生巩固理论知识,还能培养他们的实验技能和科学探究能力。为了实现这一目标,高校需要投入更多的资源来建设实验室,提供先进的实验设备和充足的实验材料。同时,还应加强实验室管理,确保实验教学的顺利进行。

2.开发不同形式的实验项目

为了丰富实验教学内容,教师应开发多样化的实验项目,包括基础实验、综合实验和设计性实验等。基础实验可以帮助学生掌握基本的实验技能和操作方法;综合实验则要求学生运用所学知识解决实际问题,培养他们的综合运用能力;设计性实验则鼓励学生自主设计实验方案,进行科学探究,培养他们

的创新思维和解决问题的能力。通过这些多样化的实验项目,学生可以在实践中深入理解化学原理,提高实验技能和科学探究能力。

3. 引入现代实验技术

随着科技的不断发展,现代实验技术在化学研究中发挥着越来越重要的作用。因此,在实验教学中,也应引入现代实验技术,如高效液相色谱(HPLC)、核磁共振(NMR)等。这些技术的应用不仅可以提高实验的准确性和效率,还能帮助学生了解现代化学研究的最新进展。同时,通过学习和使用这些现代实验技术,学生还可以增强自己的竞争力,为未来的科研和就业打下坚实的基础。

4. 加强实验教学管理

为了确保实验教学的顺利进行,高校还需要加强实验教学管理。首先,应建立完善的实验教学体系,明确实验教学的目标和要求。其次,应加强对实验教师的培训和管理,提高他们的专业素养和教学能力。同时,还应建立完善的实验考核机制,对学生的实验技能和科学探究能力进行客观、全面的评价。通过这些措施,可以确保实验教学的质量和效果。

5. 促进学生自主学习

在实验教学中,还应注重促进学生的自主学习。教师可以通过布置预习任务、提供实验指南等方式,引导学生提前了解实验内容和操作步骤。同时,在实验过程中,教师应鼓励学生主动思考、提出问题并寻求解决方案。通过这种方式,可以培养学生的自主学习能力和解决问题的能力。此外,教师还可以组织学生进行实验交流和讨论,分享彼此的实验经验和心得,进一步提高学生的自主学习能力和团队协作精神。

(三)引入实际案例,活化化学教学内容

案例教学是一种有效的教学方法,能够帮助学生将理论知识与实际应用相结合。在化学教学中,教师可以引入与课程内容相关的实际案例,如化学工业生产过程、环境污染治理、新能源开发等,通过分析案例中的化学问题,引导学生运用所学知识进行思考和解决。这不仅可以增强学生的实践能力,还能提高他们分析问题和解决问题的能力,使化学教学内容更加贴近实际、具有实效性。

二、高校化学教学内容的整合

(一)模块化教学

1. 模块化划分的必要性

高校化学作为一门综合性强的学科,其内容丰富且复杂,涉及无机化学、有机化学、物理化学等多个分支。传统的教学方式往往按照教材顺序逐章讲解,容易导致学生知识体系的碎片化。因此,将化学教学内容划分为不同的模块,每个模块内部再进行细分,形成清晰、系统的知识体系,对于提高学生的学

习效率至关重要。

2. 模块的具体划分

（1）无机化学模块

元素周期表是无机化学的基石，它按照元素的原子序数进行排列，揭示了元素之间的内在联系和规律。通过学习元素周期表，学生可以掌握元素的分类、性质变化规律以及元素间的相互作用，为后续学习化学反应原理提供基础。其中，化学反应原理则是无机化学模块的另一重要组成部分。它探讨了化学反应的本质、速率和机理，以及反应过程中的能量变化。学生通过学习这些原理，能够更深入地理解化学反应的实质，掌握如何控制和优化化学反应的条件，为未来的化学研究和应用打下基础。而无机物的结构与性质也是无机化学模块的重要学习内容。这一部分涵盖了无机物的晶体结构、化学键、分子构型以及物理化学性质等方面。通过学习这些内容，学生可以了解无机物的内部结构和性质，以及它们在外界条件下的变化规律，为无机化学的实际应用提供理论支持。无机化学模块的学习，不仅有助于学生掌握化学基础知识，还能培养他们的逻辑思维和解决问题的能力。这些能力在未来的化学学习和研究中将发挥重要作用，为学生打开更广阔的化学世界大门。

（2）有机化学模块

有机化合物的结构是有机化学的基础，通过学习有机化合物的分子结构、化学键以及立体构型，学生可以深入了解有机化合物的内部结构和性质。这些知识对于理解有机化合物的反应机理和性质变化至关重要。而命名是有机化学中不可或缺的一部分。通过学习有机化合物的命名规则,学生可以准确地识别和描述有机化合物的结构,为后续的学习和研究提供便利。同时,命名也是有机化学交流中的重要工具,有助于学生与他人进行有效的沟通和合作。其中,反应类型及机理是有机化学模块中需要学习的重点内容。有机化合物具有种类繁多、反应复杂的特点,因此掌握各类有机反应的类型和机理显得尤为重要。学生通过学习这些反应,可以了解有机化合物在不同条件下的反应行为和产物,为有机合成提供理论基础。

(3)分析化学模块

分析化学模块是高校化学专业中一门重要的实验课程,它教授了各种分析方法和技术,如光谱分析、色谱分析等。这一模块的学习,旨在培养学生的实验技能和数据分析能力,使他们能够准确地测定和分析化学样品的成分和性质。而光谱分析和色谱分析是分析化学中常用的两种技术。光谱分析通过测量物质对光的吸收、发射或散射等特性,来确定物质的成分和结构。色谱分析则是利用不同物质在固定相和流动相之间的分配差异,将混合物分离成单个组分,并进行定性和定量分析。通过学习这些分析方法和技术,学生可以掌握分析化学的基本原理和实验技能。他们可以学会如何选择合适的分析方法和技术,以及如何准确地处理和解读实验数据。这些技能在未来的化学研究和应用中至关重要,有助于学生解决各种复杂的分析化学问题。

3. 模块内的细分与教学实施

在每个模块内部,进一步细分知识点,形成微课或小节,便于学生分阶段学习。例如,在无机化学模块中,可以将"元素周期表"细分为"周期表的排列规律""元素性质的周期性变化"等小节。教师可通过案例讲解、实验演示等多种教学方式,帮助学生深入理解每个知识点,并逐步构建起完整的知识体系。

4. 模块化教学的优势

模块化教学不仅有助于学生系统地学习化学知识,还能提高学习的灵活性和针对性。学生可以根据自己的学习进度和兴趣,选择优先学习的模块,或者针对薄弱环节进行强化。同时,模块化教学也便于教师进行课程管理和教学评估,及时调整教学策略,以满足不同学生的需求。

(二)层次化教学

1. 层次化教学的意义

高校学生的化学基础和学习能力存在差异,传统的一刀切式教学难以满足所有学生的需求。因此,根据学生的知识基础和学习能力,将化学教学内容分成不同的层次,实施层次化教学,是提升整体教学效果的有效途径。

2. 层次的具体划分

(1)基础层次

面向化学基础较弱的学生,重点讲解基础知识,如基本概念、基本理论和基本实验技能,帮助学生建立扎实的化学基础。

（2）进阶层次

针对基础较好的学生,进一步深化和拓展知识,如引入更复杂的化学反应机理、高级实验技术等,培养学生的综合应用能力和创新能力。

（3）研究导向层次

为有志于科研的学生提供更高层次的学习内容,如科研方法论、文献阅读与分析等,引导学生参与科研项目,培养科研素养。

3. 层次化教学的实施

为不同层次的学生准备不同的教材和学习资料,确保教学内容的针对性和适宜性。在基础层次,采用讲授法、示范法等传统教学方法,帮助学生掌握基础知识;在进阶和研究导向层次,则更多采用讨论式等教学方法,激发学生的学习兴趣和创新能力。而且,教师应根据学生的学习情况,提供个性化的学习指导和辅导,帮助学生克服学习障碍,实现自我超越。

4. 层次化教学的评估与反馈

层次化教学需要建立科学的评估体系,以检验教学效果并及时调整教学策略。教师可以通过课堂测试、作业、实验报告等多种方式,评估学生在不同层次的学习成果。同时,鼓励学生进行自我评估和同伴评估,培养他们的自我反思和批判性思维能力。基于评估结果,教师应及时调整教学内容和教学方法,以满足学生的不同需求,促进全体学生的共同发展。

(三) 整合教学资源

1. 利用网络资源

在互联网时代,网络上涌现出大量优质的化学教学资源,如在线课程、教学视频、实验动画等,这些资源为化学教学提供了新的可能。教师可以充分利用这些网络资源,丰富教学手段和内容,提升学生的学习兴趣和效果。在线课程为学生提供了更加灵活和自主的学习方式。学生可以根据自己的学习进度和兴趣,选择适合自己的在线课程进行学习。这些课程通常由知名教授或专家主讲,内容丰富、深入浅出,有助于学生更好地理解和掌握化学知识。同时,教学视频和实验动画等多媒体资源,能够以直观、生动的方式展示化学反应和实验过程,帮助学生解决学习中的难点和疑点,提高学习效果。通过网络资源的利用,教师还可以拓宽教学视野,了解国内外化学教学的最新动态和研究成果,从而不断更新教学内容和方法,提升教学质量。此外,教师还可以引导学生利用网络资源进行自主学习和探究学习,培养他们的创新能力和信息素养。

2. 共享教学资源

在高校化学教学中,教师之间应建立起资源共享的机制,共享教学资源,如课件、习题、实验指导等。这不仅可以减少重复劳动,提高工作效率,还能促进教师之间的交流和合作,共同提升教学水平。课件是教师教学的重要工具,通过共享课件,教师可以互相借鉴和学习彼此的教学经验和设计理念,从而不断优化自己的课件。同时,习题和实验指导的共享也有助于教师更好地把握教学重点和难点,为学生提供更加有针对性的练习和实验指导。其中,资源共享还能够促进教师之间的学术交流和合作。在共享资源的过程中,教师可以就教学问题、科研方向等进行深入的探讨和交流,共同探索新的教学方法和科研思路。这种交流和合作不仅有助于提升教师的教学和科研能力,还能为学生提供更加全面和深入的学习指导。此外,资源共享还可以促进高校之间的合作和交流。通过与其他高校共享教学资源,可以打破校际壁垒,实现优势互补和资源共享,推动高校化学教学的整体发展。

(四)强化实验教学

1. 实验课程与理论课程相结合

在高校化学教学中,为了确保学生能够全面掌握化学知识,形成完整的知识体系,教师必须注重实验课程与理论课程的相互衔接。理论课程为学生提供了扎实的化学理论基础,而实验课程则是将这些理论知识应用于实践的重要环节。通过实验操作,学生可以更加直观地观察和理解化学反应的过程和原理,从而加深对理论知识的理解。同时,为了确保实验课程与理论课程的相互衔接,教师可以在理论教学中穿插实验演示和案例分析,让学生在理解理论知识的同时,了解实验操作的步骤和注意事项。在实验课程中,教师应注重引导学生运用所学理论知识进行实验操作和分析实验结果,培养他们的实践能力和问题解决能力。

2.虚拟实验与实际操作相结合

随着信息技术的不断发展,虚拟实验平台在高校化学教学中得到了广泛应用。虚拟实验平台能够为学生提供更加安全、便捷的实验环境,同时还能降低实验成本,提高实验效率。然而,虚拟实验并不能完全替代实际操作,教师在教学过程中应将虚拟实验与实际操作相结合,为学生提供更加全面和深入的实验学习体验。虚拟实验平台能够模拟真实的实验环境和操作过程,让学生在没有实际危险的情况下进行实验操作。通过虚拟实验,学生可以更加直观地观察和理解化学反应的过程和原理,同时还能进行多次重复实验,提高实验的准确性和可靠性。此外,虚拟实验平台还能提供丰富的实验资源和数据,帮助学生更好地分析和理解实验结果。但虚拟实验并不能完全替代实际操作,实际操作可以让学生亲手操作实验仪器和设备,感受化学反应的真实过程和变化。这种亲身实践的经验是虚拟实验无法替代的。通过实际操作,学生可以更加深入地理解和掌握实验技能和方法,同时还能培养他们的动手能力和科学素养。因此,教师在教学过程中应将虚拟实验与实际操作相结合,充分发挥两者的优势。在虚拟实验中,教师可以引导学生进行实验设计和模拟操作,帮助他们理解实验原理和步骤。在实际操作中,教师则可以引导学生进行实验验证和探究学习,培养他们的实践能力和创新思维。通过这种结合方式,教师可以为学生提供更加全面和深入的实验学习机会,促进他们全面发展。

第二节　教学方法的创新与实践

一、情境教学法的创新实践

(一)情境教学的特征与功能

1. 诱发主动性

与传统讲授法相比,情境教学首要的特征就是设置新颖的情境作为学生的兴趣源,引起学生的新鲜感,诱发学生主动学习。当学生对所学的材料感兴趣了,学习自然而然地成为自我发展的需要。当抽象枯燥的知识化作鲜活生动的情境呈现在学生面前时,情境中的内容就像一块磁石,牢牢抓住学生的注意力,融入情境中的学生动脑思考、动手实践、动口讨论,体验探究的乐趣,感受学习的快乐,发现自我的价值。而这种在情境中学习所获得的积极情绪会进一步强化学生的求知欲,使其更自觉、更主动地进入学习状态。

2. 强化感受性

心理研究表明,感知是思维活动的基础,对具体的材料感受到一定的程度,就会开启抽象思维。因此,在教学中应充分遵循这一感知规律,借助各种形式的感知,丰富学生的直接经验和感性认识,唤醒和激活大脑皮层的优势兴奋中心。情境教学根据教学内容创设相应的情境往往是真切直观、新颖生动的,它将知识"包装"后以鲜明的形象展现在学生面前,可闻可见的感性材料丰富了学生的头脑,强化了学生的感知。通过感官和心智所获的感性体验能有效促进感知的具体化和抽象化,帮助学生在认识上做好理解新知识的准备,更为重要的是这种在认识上的准备有积极饱满的情绪参与,它有助于学生思维的发展,使其获得更深刻、更本源的认识。

3. 情知对称性

情境教学把学生全面和谐发展作为教学的出发点,围绕认知内容营造和谐感氛围,积极调动学生的学习情绪,有效引导积极的学习心态,让学生在愉悦轻松的心境中认识丰富多彩的化学世界。正是由于情感因素和认知因素同时发挥了积极作用,学生对情境中的知识既乐于吸收又理解得深刻。从情感的角度看,情境教学让学生所学的化学知识不再是冰冷的逻辑符号,而是经过情感润泽过的、自己强烈想学想用的"活性"知识。从认知的角度看,因为有了学生自己的切身体会和感受,认知的实体感加强了,知识就容易入脑入心。情感和认知在教学中相伴相行、互相协调、互相渗透,既形成了非智力因素与智力因素相互促进的合力,又实现了感性体验和理性思维的有效契合。

4. 贯穿实践性

情境教学不仅注重"情感",还十分重视学习主体的"亲历",并努力将二者结合起来,让所学知识在情境中得以实践,达到"知行合一"的效果,有效促进知识结构向能力结构转化。在强烈情感内需的驱动下,在问题情境的引导下,学生踊跃思考、积极探索,参与到有意义的问题解决或活动探究的情境中,同时对知识的迁移应用也让学生体验到学习的快乐。众所周知,化学这门自然学科的实用性很强,与现实世界紧密联系的情境向学生提供了大量的"学以致用"素材,让学生在情境中实践,这不仅破除了知识边界,还能让学生真切地感受到化学的功用与价值。

(二)情境教学的功能

1. 激发学习情感

对学习最有效的刺激方式莫过于让学生对知识对象感到强烈的兴趣。在化学教学中实施情境教学,生动具体的情境会激活大脑中的优势兴奋点,带给学生极大的新鲜感。教师若能精心创设情境,向学生提供有趣的现象和丰富的事实,置身其中的学生会真切地感到自己像个探索者,发现化学世界中的神奇奥妙,触"境"生情,积极活跃的情感体验也会因此产生,在轻松愉悦的心境下进行学习,学习的效果自然事半功倍。正如孔子所说:"知之不如好知,好知不如乐知",情境教学正是提供了这样一个心理磁场,充分作用于学生的内心情感,促使求知探索自觉自发地进行。

2. 提升科学素养

科学素养简而言之就是公众对科学的意识和认识,这种认识是基于化学科学与技术、环境、生活、生产、社会等的密切关系,而不只局限于纯粹的化学知识与技能。学生对化学科学的这种认识和态度单凭教是教不出来的,只能将学生置身于特定的情境中使其去体验和感悟。情境教学把实际的生产生活场景作为化学学习的感知对象,让学生在情境中联系社会热点问题,用所学的化学知识来解决问题。在情境中建立概念、摸索规律、思考问题、诊断错误、领悟方法、完善知识等等,这些都有助于学生更深刻地理解和转化抽象的学科基本概念,形成科学素养所需要的学科知识能力和认识能力。

(三)情境教学法在高校化学教学中的运用

1. 准确设置教学情境

教师在课堂开始前一定要准备好教学情境,认真把握学科课程标准,学习标准中的一些相应的教学建议,并且充分了解学生。因为一个成功的教学情境必须符合学生的认知状况,才能营造一个有趣和富有参与性的课堂教学。教学要生动形象,使学生在愉悦的环境中增长知识,并且需要在教学设计中罗列更多的知识要素,便于让学生的理解逐步深入,使每一节的课程教育能够串联起来,让整个教学过程构成一个完美的框架。

2. 以学生为主体,教师协同探究

在整个教学过程中,以学生自主探索为前提,教师辅助教学。学生在自我学习中互相交流心得体会,自己能够主动学习并且收集材料。教师在教学过程中可以把学生分为若干组,让学生进行讨论、交换意见。让每一个小组总结的知识在全班会谈中交流,互相弥补不足。让学生能够向其他同学学习,取长补短,共同进步。

3. 教师点评,归纳总结

教师通过学生的交流学习,对学生的整个学习过程进行点评,针对学生的思维方向和态度归纳总结,使学生对此构建一个完善的框架,不仅可以促进课堂教学整体化,也能够让学生很好地吸收每一节课的知识。

二、探究式教学方法创新实践

(一)探究式教学方法概述

探究式教学方法认为,学习不仅仅是一个知识摄入的过程,而且是一个包含态度和情感的综合体验过程,即学生在探究性学习中不仅获取知识,而且内心产生对于世界和知识的态度与情感,这种态度、情感和知识一起,成为学习者认知图景的一部分,这说明学习的过程也是学生人生观、价值观和世界观形成的过程,以及人生意义获得的过程。一般探究式教学的基本过程可归纳为创设情境、选定课题、自主合作探究、分享交流、总结反思五个环节,如图 3-1 所示。

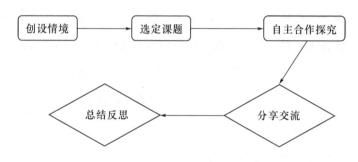

图 3-1 探究式教学的基本环节

创设情境,即教师根据教学目标和教学进度,围绕课程中的某个知识点,通过问题、任务等多种形式创设适宜激发探究思维的学习情境,引导学生在情境中找出自己感兴趣的课题。选定课题,即教师通过提出富有启发性、能引起学生深入思考、并与当前学习对象密切相关的问题,以便学生对自己的课题进行重组、重构和选择,形成小组合作探究的课题。自主合作探究,即学生在教师的指导下,通过"自主、合作、探究"的学习方式,以小组的形式开展课题探究,体验探究的过程。分享交流,即在教师的组织、协调和引导下,各研究小组交流分享本小组的研究思路、过程、成果以及形成的观点体会。总结反思,即教师和学生对学习进行总结、反思和评价,并在此基础上对当前知识点进行深化、迁移与提高,鼓励进一步生成新问题,寻找新课题。从现代构建主义的观点来看,学习是学生对知识意义的主动构建过程,教学主要是帮助和促进学生对知识意义的构建。因此,教学要承认、尊重和发展学生的共性和个性,彰显学生对学习任务的自主权的同时也要重视教师对学生成长的引导作用,要创造机会让学生进行自主、合作和探究学习,自主构建知识及其意义,并对所学内容与过程进行反思。

(二)探究式教学方法在高校化学教学中的实施

1. 探究式教学方法的启动阶段

教师应深入理解教学目标,结合理论知识和生活实际,提出具有启发性和实际意义的探究主题。例如,在化学教学中,可以围绕"空气中氧气含量"的主题,引导学生思考生活中能说明空气存在的现象,以及空气中含有的成分,并探讨如何证明这些气体成分的存在。通过提出这些贴近生活实际的问题,激发学生的探究兴趣。在启动阶段,教师还需通过创设问题情境来进一步激发学生的探究欲望。一个好的问题情境能够引发学生的强烈问题意识和探究动机,促使他们积极思考并独立解决问题。例如,在探究氧气含量的教学中,可以提出"要除去密闭容器中空气中所含的氧气,可用什么方法?"这样的问题,鼓励学生提出多样化的解决方案。这一阶段的教学应注重学生的自主活动和合作精神,让每一个学生都能参与到探究过程中来。此外,教师还需在启动阶段做好实验材料和设备的准备,确保实验的顺利进行。同时,向学生明确实验的目标、内容、步骤和注意事项,为后续的探究过程奠定坚实的基础。

2. 探究式教学方法的实施阶段

在实施阶段,教师将引导学生按照设计好的实验方案进行实验探究。这一阶段的核心在于培养学生的实验操作能力和科学探究精神。教师应指导学生正确操作实验仪器,记录实验数据,观察实验现象,并引导他们运用科学的方法对实验数据进行分析和处理。例如,在探究氧气含量的实验中,教师可以引导学生使用燃烧法或化学吸收法来测定密闭容器中氧气的含量,并通过对比实验结果来验证他们的假设。在实施阶段,教师还应鼓励学生提出新的问题和假设,并在实验过程中进行验证。这种不断提出问题、分析问题、解决问题的过程,能够培养学生的创新思维和批判性思维。此外,教师还需在实验过程中关注学生的个体差异,尊重并鼓励不同的学生在解决同一问题的过程中采用不同的方式和方法。同时,教师还应及时给予学生反馈和指导,帮助他们纠正错误,完善实验方案。

3. 探究式教学方法的总结与反思阶段

在总结与反思阶段,教师将引导学生对整个探究过程进行回顾和总结。这一阶段的核心在于培养学生的反思能力和合作精神。一方面,学生需要对所得到的实验现象、实验数据、实验结果等做出总结,并解释出现方案外情况的原因。通过这一过程,学生能够加深对化学知识的理解和记忆。另一方面,教师应组织学生进行小组讨论和分享,让他们交流各自的实验经验和心得体会。通过这一过程,学生能够互相学习、互相启发、共同提高。在讨论过程中,教师还应鼓励学生提出新的问题和观点,引导他们进行更深入的思考和探究。

第三节　教学评价体系的改革与完善

一、高校化学教学评价体系改革与完善的目标

(一)多元化评价

多元化评价不仅涵盖学生的理论知识掌握情况,更注重其实验操作能力、创新思维以及团队协作能力等综合素养。实验操作能力是学生化学学习的重要组成部分,它要求学生将理论知识转化为实际操作,通过动手实验来验证理论、解决问题。因此,评价体系中应包含对学生实验操作技能的考核,如实验设计的合理性、操作过程的规范性以及实验结果的准确性等。同时,创新能力也是多元化评价的重要一环。化学作为一门不断探索和发现的科学,需要学生具备独立思考和创新的能力。评价体系应鼓励学生提出新的实验方案、解决新的问题,通过创新实践来培养其科学素养和创新能力。此外,团队协作能力也是学生未来发展中不可或缺的能力。在化学实验中,学生需要与他人合作,共同完成任务。评价体系应关注学生的团队合作情况,如沟通能力、协作精神以及团队分工等,以全面衡量学生的综合素质。

（二）过程性评价

在过程性评价中,教师应关注学生在课堂上的表现,如参与讨论的积极性、回答问题的准确性以及思维活动的活跃度等。同时,还应关注学生在课后的自主学习情况,如作业完成情况、复习进度以及学习方法的选择等。通过过程性评价,教师可以及时发现学生在学习过程中遇到的问题和困难,并给予及时的反馈和指导。这种评价方式有助于激发学生的学习兴趣和动力,促进其主动学习和自我发展。同时,过程性评价还能帮助教师更好地了解学生的学习需求和差异,从而调整教学方法和策略,提高教学效果。

（三）激励与发展

激励性评价能够让学生感受到自己的进步和成就,从而增强自信心和学习动力。在化学教学中,教师可以通过设置合理的评价标准和奖励机制,来激发学生的学习积极性和创新精神。例如,对于在实验操作中表现出色的学生,可以给予表扬和奖励;对于在学习过程中取得显著进步的学生,可以给予鼓励和肯定。同时,评价体系也应成为教师自我反思和改进教学方法的重要工具。通过对学生学习情况的评估和分析,教师可以发现自己的教学方法和策略中存在的问题和不足,从而及时调整和改进。这种反思和改进的过程有助于教师不断提高自己的教学水平,为学生提供更优质的教育服务。

二、高校化学教学评价体系改革与完善的措施

(一)细化评价指标

传统的教学评价体系往往过于笼统,难以全面、准确地反映学生的真实水平和潜在能力。因此,我们需要结合高校化学教学的特点和目标,对评价指标进行细化,使其更加全面、具体、可操作。在细化评价指标的过程中,可以将评价内容划分为多个维度,如理论知识掌握、实验操作能力、创新能力、团队协作能力等。对于每个维度,我们都需要制定具体的评价标准。例如,在理论知识掌握方面,可以考查学生对基本概念、原理、公式的理解和应用能力;在实验操作能力方面,可以评价学生的实验设计、操作规范、数据记录和分析能力;在创新能力方面,可以关注学生的新思路、新方法的提出和实践能力;在团队协作能力方面,则可以考查学生在团队中的沟通、协调、合作能力。通过细化评价指标,我们可以更加客观地评价学生的学习成果,发现他们的优点和不足,从而为他们提供更有针对性的指导和帮助。同时,细化的评价指标也有助于教师更加明确教学目标和重点,优化教学方法和手段,提高教学质量。

(二)引入质性评价

质性评价强调对评价对象的深入理解和全面把握,能够揭示量化评价所无法触及的深层次信息。在高校化学教学评价

中,可以引入多种质性评价方法。例如,通过课堂观察,我们可以直接了解学生的学习态度、参与程度、互动情况等;通过学生作品分析,我们可以评估学生的创新思维、实践能力、问题解决能力等;通过教师反思,我们可以了解教学过程中的得失,为今后的教学改进提供依据。质性评价的实施需要教师具备较高的专业素养和评价能力。教师需要具备敏锐的观察力、深入的分析能力和准确的判断力,才能对学生的学习情况和教学效果做出全面、客观的评价。同时,教师还需要不断学习和实践,提高自己的评价技能和水平,以更好地服务于教学和学生发展。

(三)建立学生自评与互评机制

在高校化学教学评价体系中,建立学生自评与互评机制是一种有效的评价方式。这种机制能够增强学生的自我认知能力和团队协作能力,促进他们全面发展。

学生自评是指学生对自己的学习情况进行自我评价和反思。通过自评,学生可以更加清晰地了解自己的优点和不足,从而制订更加合理的学习计划和目标。同时,自评还可以培养学生的自我管理能力和自我监控能力,提高他们的学习自主性和积极性。

互评则是指学生之间相互评价,这种评价方式可以增强学生的团队协作能力和沟通能力。在互评过程中,学生需要学会如何客观地评价他人,如何接受他人的评价,并据此调整自己的行为和态度。通过互评,学生可以相互学习、相互借鉴,共同进步。

建立学生自评与互评机制需要教师进行有效的指导和监督。教师需要制定明确的评价标准和流程,确保评价的公正性和客观性。同时,教师还需要及时给予学生反馈和建议,帮助他们更好地理解和运用评价结果,促进他们的全面发展。

第四节 教师的素质要求与专业发展

一、高校化学教师的素质要求

(一)化学教师素质结构

教师素质是教育界经常使用的概念,所谓素质就是以人的先天禀赋为基础,在环境、教育的影响下,在人自身的参与过程中,逐步形成和发展起来,并能持久发挥作用的内在身心品质。教师是一种事业化的职业,是向受教育者传递人类积累的文化科学知识和进行思想品德教育的专业人员。所谓教师素质,就是教师在教育教学活动中表现出来的,决定其教育教学效果,对学生身心发展有直接而显著影响的心理品质的总和。化学教师素质是从化学学科的角度对教师素质的一个细化,因此,所谓化学教师素质即在化学教育教学活动中表现出来的,决定其化学教育教学效果,对学生身心发展有直接而显著影响的心理品质的总和。

(二)化学教师的素质要求

1. 思想品德素质

对于教师来说,必须坚持正确的政治方向,要有高度的事业心与责任感,并且具备开拓意识和创造精神。教师在教书育人的过程中起主导性作用,教师的工作态度与能力是决定教育工作最终成败的关键因素。教师的一举一动不仅影响自己的工作效果,而且对学生行为、品格的成长有着直接的影响。

2. 育人的思想素养

教师要树立新型的人才观和育人观,化学学科教学一定要以人的发展为本,服从、服务于人的全面健康发展。此外,教师还要具备先进的教学观和质量观,只有这样,才能培养出适合时代发展需要的身心健康、有知识、有能力、有纪律的创新型人才。

3. 新课程理念

新课程理念要求教师具有新的课程观、教材观、学生观、教学观、评价观和持续学习、专业化发展的动力。在课程观上,教师应认识到课程是促进学生全面发展的载体,而不仅仅是知识的传授;在教材观上,教师应灵活运用教材,结合学生的实际情况,创造性地开发教学资源;在学生观上,教师应尊重学生的个性差异,关注学生的全面发展,为每一位学生提供适合的教育;在教学观上,教师应倡导合作学习等多元化的教学方式,激发学生的学习兴趣和主动性;在评价观上,教师应建立多元化的评价体系,全面评价学生的能力和素质,促进学生的全面发展。新课程理念还要求教师具有持续学习和专业化发展的动力。教师应保持对新知识、新理念的开放态度,积极参加各种培训和学习活动,不断提升自己的专业素养和教学能力。同时,教师还应与同事、学生、家长等建立良好的沟通机制,共同促进学生的发展。通过这些努力,教师可以更好地适应新课程改革的需求,为培养具有创新精神和实践能力的化学人才做出积极贡献。

4. 科学文化素质

随着科学技术的发展,不仅知识量剧增,而且知识更新速度加快,学科不断分化与综合。化学教师不仅要精通本专业知识,还要有广博的横向知识技能,包括人文学科知识。教师不仅要给学生传授知识,还要帮助他们学习实用技术,学会运用现代化的教学仪器。化学教师必须具备系统、扎实、广博而深厚的专业基础知识,并时时注意知识的更新和发展,才能胜任化学教学工作。高校化学教师的学科专业知识应包括陈述性知识、程序性知识和策略性知识三部分。大学无机化学系统的元素化合物知识、有机化学的有机化合物性质的知识、结构化学的基本知识、化学发展史的知识以及化学与其他学科交叉渗透的内容等是高校化学教师专业知识中陈述性知识的主要组成部分;无机化学的基础理论知识、有机化学反应的基本规律、物理化学原理、分析化学的基本原理构成高校化学教师专业知识的程序性知识;而高校化学教师专业知识中的策略性知识则主要包括化学科学研究的一般方法和化学研究的专门性方法(如物质结构的测定,物质的合成、分离和提纯等)两大部分。

5. 能力素质

教师要培养开拓型、创造型人才,必须具备多方面的能力。对于化学教师来说,首先应具有较强的教育教学方面的能力,如表达能力、板书能力、实验教学能力、组织管理能力、教育教学研究能力等。其次应具有较强的自我调控能力、社会适应能力、创造探索能力、综合能力、社交能力等。

6. 身体和心理素质

教师肩负着培养新一代高素质人才的重任,教师劳动虽是脑力劳动,但随着社会对人才素质要求的提高,教师的脑力劳动将越来越复杂、繁重,必须要有良好的身体素质做保证。此外,教师的心理健康在学生心理健康的发展中起着十分重要的作用。教师要有敏锐的观察力、丰富的想象力、灵活的思维力、坚强的意志力、丰富健康的情感和开放的性格。

二、高校化学教师的专业发展

(一)开展教学反思

实践证明,反思对教师的成长具有显著的促进作用,是教师事业发展的必由之路。正如波斯纳 1989 年提出的"教师的成长＝经验＋反思"。自觉运用反思的教师,会主动反思教学实践过程,在自我调整、自我监控、自我完善的过程中不断得到发展和提高。教师的自我反思一般包括反思教学设计是否系统,学生起点水平与教学起点是否匹配,教学内容是否满足学生的需求,教学策略是否有助于教学目标的达成,教学内容的呈现方式是否恰当,师生、生生的课堂交流是否有效,学生是否积极主动地参与到学习活动中,学生在学习中出现哪些困难,其可能原因是什么,等等。

(二)进行校本教研

1. 校本教研的基本理念

校本教研的基本理念强调,学校是教育活动的核心场所,也是教学研究最真实、最直接的土壤。教学研究不应脱离学校的实际教学环境和具体问题,而应紧密围绕学校的教学实践展开,这样才能确保研究的针对性和实效性。在这一理念下,学校被视为研究中心,成为探索教育规律、改进教学方法的摇篮。教室则化身为研究室,每一堂课都是一次深入的研究实践。教师不再仅仅是知识的传授者,更是教学的研究者,他们通过观察、反思、实践,不断探索适合学生的教学策略。这种理念鼓励教师积极参与教学研究,将日常教学工作与教学研究紧密结合,从而不断提升教学质量,促进学生的全面发展。

2. 校本教研的核心要素

教师个人、教师集体、专业研究人员是技术研究的三个核心要素,它们构成了校本研究的三位一体关系。教师个人的自我反思、教师集体的同伴互助、专业研究人员的专业支持是开展校本研究和促进教师专业化发展的三种基本力量,缺一不可。

(三)教师培训与个人专业发展

1.参加专业培训

高校化学教师的专业发展离不开系统的专业培训。这些培训不仅涵盖了化学学科的前沿知识,还包括了教育理念、教学方法、科研能力等多个方面。通过参加专业培训,教师可以及时了解化学领域的最新研究成果和教学理念,从而更新自己的知识结构,提升教学水平。专业培训通常包括线上和线下两种形式。线上培训便于教师灵活安排时间,自主学习,而线下培训则能提供更直接的师生互动和实践机会。在培训过程中,教师可以通过案例分析、教学观摩、小组讨论等多种方式,深入学习和探讨化学教学的有效策略。此外,与来自不同背景的教师交流,也能帮助教师拓宽视野,汲取多元化的教学经验。参加专业培训还能帮助教师建立持续学习的习惯,这是教师专业发展的重要保障。通过不断学习,教师可以提升自己的专业素养,更好地适应教育改革的需求,为学生提供更高质量的教学服务。

2.制订个人专业发展计划

高校化学教师应结合自己的实际情况和职业发展目标,制订切实可行的个人专业发展计划。这一计划应明确教师在专业知识、教学能力、科研水平等方面的提升方向和具体措施，并设定合理的时间表和阶段性目标。在制订计划时，教师应首先对自己的现状进行全面分析，识别自己的优势和不足。然后，根据分析结果，确定自己在不同领域的发展需求，并制定相应的提升策略。例如，在专业知识方面，教师可以通过阅读专业书籍、参加学术会议等方式，不断更新自己的知识体系；在教学能力方面，教师可以通过观摩优秀教师的教学、参加教学技能培训等方式，提升自己的教学技巧；在科研水平方面，教师可以通过参与科研项目、撰写学术论文等方式，提升自己的科研能力。此外，制订个人专业发展计划后，教师还应定期进行自我评估和反思，检查计划的执行情况，及时调整策略，确保目标的实现。通过这一过程，教师可以不断提升自己的专业素养和综合能力，为个人的职业发展奠定坚实基础。

第四章　高校化学教学模式改革的成效

第一节　教学模式改革的效果评估

一、高校化学教学模式常见评估方法与工具

(一)问卷调查

　　问卷调查是一种高效且被广泛应用的评估方法,特别适用于高校化学教学模式的评估。在设计问卷时,须确保问题全面、客观,能够真实反映教学模式改革的效果。问卷内容应涵盖学习效果、教学质量、学生满意度等多个维度,以便全面了解学生和教师对改革后教学模式的看法。例如,可以设计问题询问学生对新教学模式的适应程度、学习动力是否增强、课堂互动是否增多等。同时,也应向教师了解他们在实施新教学模式时遇到的挑战和收获。收集和分析问卷数据,可以为教学模式的进一步优化提供有力依据。问卷调查的优势在于其匿名性,这有助于学生和教师更真实地表达自己的意见和感受,从而提高评估的准确性和有效性。

(二)访谈法

访谈法是一种更为深入和细致的评估方法,特别适用于挖掘教学模式改革中的深层次问题和建议。通过选取部分学生和教师进行深入访谈,了解他们对教学模式改革的具体看法和感受。访谈过程中,可以针对问卷中反映出的突出问题或亮点进行进一步追问,以获取更详细的信息和背后的原因。例如,可以询问学生在学习过程中遇到的具体困难、对新教学模式的哪些方面特别满意或不满等。同时,也可以向教师了解他们在实施新教学模式时的具体做法、遇到的挑战以及如何解决等。访谈法的优势在于其灵活性和深度,能够揭示出问卷调查可能无法触及的问题和细节,为教学模式的改进提供更为丰富的信息和建议。

(三)观察法

观察法是一种直接、客观的评估方法,特别适用于了解学生在改革后的教学模式下的学习状态和表现。通过观察学生在课堂上的参与情况、实验操作过程、小组讨论等具体环节,直观地了解新教学模式对学生的影响。例如,可以观察学生在课堂上的注意力集中程度、实验操作的熟练程度、小组讨论的积极性和有效性等。同时,观察法还可以用于评估教师在实施新教学模式时的表现,如课堂组织能力、引导学生思考的能力等。观察法的优势在于其真实性和客观性,能够直接反映教学模式改革在实际操作中的效果和问题,为进一步的改进提供有力的依据。

(四)数据分析法

数据分析法是一种基于数据的客观评估方法,特别适用于量化评估教学模式改革的效果。通过收集和分析考试成绩、作业完成情况、问卷调查结果等数据,客观地评估教学模式改革对学生学习成绩、学习态度等方面的影响。例如,可以对比改革前后学生的平均成绩、及格率等指标,以评估新教学模式对学习成绩的提升效果。同时,也可以分析学生在问卷调查中提交的对不同教学环节的满意度数据,以了解新教学模式在哪些方面得到了学生的认可和喜爱。数据分析法的优势在于其客观性和可量化性,能够用具体的数据来支持评估结论,提高评估的准确性和说服力。通过数据分析,为教学模式的持续优化提供有力的数据支持。

二、学生学习效果评估

(一)学习成绩

1.考试成绩的对比分析

改革后的高校化学教学模式,其首要评估指标之一便是学生的学习成绩,尤其是考试成绩。考试成绩作为衡量学生学习成果的直接指标,能够直观地反映出教学模式改革的效果。为了准确评估改革前后的变化,需要对比改革前后学生的考试成绩。这包括期中考试、期末考试以及平时的小测验等成绩数据。通过对比,清晰地看到学生在改革后的教学模式下,学习成绩是否有所提升,提升的幅度如何,以及这种提升是否具有统计学上的显著性。

2. 实验成绩的考量

除了理论考试成绩外,实验成绩也是评估学生学习效果的重要方面。化学作为一门实验科学,实验技能的掌握和运用对于学生来说至关重要。因此,在评估教学模式改革效果时,必须将学生的实验成绩纳入考量范围。通过对比改革前后的实验成绩,了解学生在实验操作技能、实验数据处理以及实验结果分析等方面的进步情况。同时,这也有助于评估改革后的教学模式是否更加注重学生实践能力的培养。

3. 成绩提升的意义

学生学习成绩的提升,不仅意味着他们在知识掌握上取得了进步,更体现了教学模式改革的有效性和必要性。成绩的提升可以增强学生的自信心和学习动力,使他们更加积极地投入到学习中去。同时,这也为教师的教学工作提供了有力的反馈和支持,证明了改革的方向和方法是正确的。因此,应该将学习成绩的提升作为评估教学模式改革效果的重要指标之一,并持续关注学生的成绩变化,以便及时调整和优化教学策略。

（二）知识掌握与应用

1. 知识掌握的深度与广度

改革后的教学模式是否有助于学生更深入地理解和掌握化学知识，是评估其效果时必须考虑的问题。知识的掌握不仅体现在对概念、原理的理解和记忆上，还体现在对知识之间联系的理解和把握上。因此，在评估时，需要关注学生的知识掌握情况，包括他们对化学基本概念、原理的理解程度，以及对知识之间内在联系的把握能力。同时，还需要考查学生的知识广度，即他们是否能够将所学知识与其他学科或领域进行联系和融合。

2. 实际应用能力的评估

除了知识掌握外，学生能否将所学知识应用于实际问题解决中也是评估教学模式改革效果的重要方面。化学知识在实际生活中的应用非常广泛，从学生日常生活中的小实验到工业生产中的大型项目，都离不开化学知识的支持。因此，在评估时，需要通过学生的作业、实验报告、课程论文等来考查他们运用化学知识解决实际问题的能力。这包括学生是否能够准确识别问题、制定解决方案、进行实验操作以及分析实验结果等。

3. 知识掌握与应用的关系

知识掌握与应用是相互联系、相互促进的两个方面。只有深入理解和掌握化学知识,才能将其灵活地应用于实际问题解决中;而实际应用能力的提升又有助于加深对知识的理解和掌握。因此,在评估教学模式改革效果时,需要将知识掌握与应用结合起来进行考虑。通过考查学生在实际问题解决中的表现,了解他们对知识的理解和掌握程度;同时,通过分析学生在知识掌握上的不足,找出他们在实际应用中可能遇到的问题和困难,从而为他们提供更加有针对性的指导和帮助。

三、教学质量评估

(一)教学方法方面

1. 多元化教学方法的应用

在高校化学教学模式的改革中,教学方法的多元化成为了一个显著的亮点。改革后的教学模式不再局限于传统的讲授式教学,而是积极引入了更多元化、更富有创意的教学方法,如PBL(问题导向学习)法等。这些教学方法不仅丰富了教学手段,更有助于激发学生的学习兴趣和主动性。PBL法通过设定具体的问题情境,引导学生在解决问题的过程中学习化学知识。这种教学方式强调学生的主体地位,鼓励他们主动探索、合作交流,从而培养了他们的问题解决能力和团队协作精神。

2. 教学方法的实效性评估

多元化教学方法的应用,不仅使化学课堂变得更加生动有趣,也显著提升了教学效果。对比改革前后的学生成绩和学习态度,可以发现,学生在新的教学模式下表现出了更高的学习积极性和更好的学业成绩。他们不再是被动的知识接受者,而是成为了主动的知识探索者。同时,这些教学方法还有助于培养学生的综合素质,如批判性思维、创新能力等,这些能力对于他们未来的学术研究和职业发展都具有重要的意义。

(二)教学资源方面

1.教学资源的丰富与多样化

教学模式的改革不仅带来了教学方法的创新,也推动了教学资源的丰富和多样化。为了支持新的教学模式,高校化学教学在资源建设上下了大功夫。实验设备的更新、教学软件的引入、在线学习平台的搭建等措施,为教学活动的开展提供了有力的支持。实验设备的更新是教学资源建设的重要组成部分。新的实验设备不仅提高了实验的准确性和安全性,还为学生提供了更多样化的实验选择。通过这些先进的设备,学生可以更深入地了解化学原理,掌握实验技能,为未来的科研和职业发展打下坚实的基础。其中,教学软件的引入则为化学教学注入了新的活力。这些软件不仅具有强大的计算和分析功能,还能模拟真实的化学现象和过程,为学生提供了一个虚拟的实验环境。学生可以通过软件进行实验操作、数据分析等活动,从而加深对化学知识的理解。而在线学习平台的搭建则为学生提供了更加便捷、灵活的学习方式。学生可以通过平台获取课程资料、观看教学视频、参与在线讨论等,这些资源不仅有助于学生更好地理解课程内容,还能拓宽他们的知识视野。同时,平台还具备实时互动功能,学生可以随时向教师提问,与同学交流,这种即时反馈机制极大地提升了学习的互动性和趣味性。

2. 教学资源的使用效果评估

教学资源的丰富与多样化,为高校化学教学带来了显著的变化,这些资源提高了教学的效率和质量。教师可以通过先进的设备和软件,更加直观、生动地展示化学现象和原理,使学生更容易理解和掌握知识。同时,这些资源还为学生提供了更多的学习机会和选择,满足了他们不同的学习需求和兴趣。而且,学生可以通过在线学习平台获取大量的学习资源,自主安排学习时间和内容,这种学习方式不仅提高了他们的自主学习能力,还激发了他们的创新思维和探究欲望。同时,先进的实验设备和教学软件也为学生提供了更多的实验机会和选择,使他们能够在实践中不断探索和创新。

(三)师生互动方面

1. 师生互动的增强与深化

改革后的教学模式更加注重师生之间的互动和交流,在新的教学模式下,教师不再是单纯的知识传授者,而是成为了学生学习的引导者和伙伴。他们更加关注学生的学习需求和反馈,及时给予指导和帮助,这种互动和交流不仅有助于建立良好的师生关系,还能激发学生的学习兴趣和动力。而且,在新的教学模式中,教师可以通过多种方式与学生进行互动和交流。例如,在课堂上,教师可以通过提问、讨论等方式引导学生思考和学习;在课后,教师可以通过在线学习平台或电子邮件等方式与学生保持联系,解答他们的疑问和困惑。这种全方位的互动和交流,不仅提高了教学的效率和质量,还使学生感受到了教师的关心和支持。

2. 师生互动对教学质量的提升作用

通过互动和交流,教师可以更好地了解学生的学习情况和需求,从而调整教学策略和方法,使教学更加符合学生的实际。这种个性化的教学方式,不仅提高了教学的针对性和实效性,还激发了学生的学习兴趣和动力。而且,在与教师的交流和互动中,学生可以不断提出自己的见解和想法,得到教师的反馈和指导,这种学习方式不仅锻炼了他们的自主学习能力和批判性思维,还激发了他们的创新思维和探究欲望。同时,教师也可以通过与学生的互动和交流,不断反思自己的教学行为和效果,从而不断改进教学方法和策略,提高教学质量。

四、学生满意度评估

(一)学习兴趣

1. 学习兴趣的激发与提升

高校化学教学模式的改革,首要目标之一就是激发学生的学习兴趣,使他们更加热爱化学这门学科。通过引入多样化的教学方法,如PBL(问题导向学习)教学法等,改革后的教学模式成功地将学生置于学习的中心,鼓励他们主动探索、合作交流。PBL教学法让学生围绕具体的问题进行探究。这种教学方式不仅锻炼了他们的问题解决能力,还让他们在解决问题的过程中感受到了化学的魅力和实用性。而且,通过问卷调查和学生访谈,可以清晰地看到,改革后的教学模式极大地激发了学生的学习兴趣。学生们表示,他们现在更加喜欢化学这门学科,对化学知识的探索充满了热情和动力。这种变化不仅体现在课堂上,还延伸到了课后,许多学生开始主动查阅化学资料,参与化学竞赛和科研项目,化学已经成为了他们生活中不可或缺的一部分。

2. 学习兴趣促进了学业成绩的提升

在改革后的教学模式下,学生的学习态度更加积极,他们愿意投入更多的时间和精力去学习化学。同时,由于教学模式的改革,化学课堂变得更加生动有趣,学生的学习效率也得到了显著提高。通过对比改革前后的学生成绩,可以发现,学生在新的教学模式下取得了更好的学业成绩

(二)学习体验

1. 学习体验的愉快与充实

改革后的教学模式注重学生的主体地位,强调师生互动和

生生互动,这种教学方式为学生提供了一个轻松且充实的学习环境。在课堂上,学生不再是被动的知识接受者,而是成为了主动的知识探索者。他们可以通过讨论、实验等方式,积极参与学习活动,这种参与感让他们感受到了学习的乐趣和成就感。同时,改革后的教学模式也注重学生的个性化发展。教师可以通过多种方式了解学生的学习需求和兴趣,从而为他们提供个性化的指导和帮助。这种关注让学生感受到了教师的关心和尊重,也让他们在学习过程中更加自信和主动。通过问卷调查和学生访谈,可以了解到,学生对改革后的学习体验非常满意,认为现在的化学课堂更加生动有趣,学习不再是一种负担,而是一种享受。他们可以在课堂上畅所欲言,发表自己的见解和想法,这种自由的学习氛围让他们感到非常愉快和充实。

2. 学习体验与心理健康的关系

在改革后的教学模式下,学生得到了充分的关注和尊重,他们的学习压力和焦虑感得到了有效的缓解。同时,由于学习方式的多样化和个性化,学生可以根据自己的节奏和兴趣进行学习,这种自主性让他们感受到了学习的乐趣和掌控感。通过对比改革前后的学生心理状态,可以发现,学生在新的教学模式下表现出了更强的自尊和自信。他们现在更加愿意参与学习活动,与教师和同学进行交流和合作。这种积极的心态不仅有助于他们的学业发展,还对他们的未来生活和职业发展产生了积极的影响。

（三）学生对教学模式的认可

1. 学生对教学模式的高度认可

改革后的教学模式得到了学生的高度认可，学生认为这种教学模式更加符合他们的学习需求和兴趣，有助于他们的学习和成长。在问卷调查和学生访谈中，学生纷纷表示，他们非常喜欢现在的教学方式，认为这种教学方式让他们更加深入地理解了化学知识，掌握了实验技能，提高了他们的综合素质和能力。同时，学生也对教师在改革中的努力表示了衷心的感谢。他们认为教师不仅在教学上付出了很多心血，还关心他们的成长和发展。这种师生之间的良好关系，不仅让学生的学习更加愉快和充实，还让他们对未来充满了信心和期待。

2. 学生对教学模式的认可离不开教学改革的作用

在改革的过程中，教师不断探索和创新教学方式和方法，以满足学生的学习需求和兴趣。同时，也注重收集学生的反馈和建议，及时调整教学策略和方法，以确保教学改革的有效性和可持续性。通过对比改革前后的教学效果，可以发现，学生在新的教学模式下取得了显著的进步和发展。他们现在不仅能够更好地理解化学知识，掌握实验技能，还能够运用化学知识解决实际问题。这种变化不仅让学生受益匪浅，也让教师看到了教学改革的广阔前景和深远意义。因此，可以说，学生对教学模式的认可与教学改革之间存在着密切的联系和互动关系。

第二节 学生能力培养的成效分析

一、基础的巩固与理论的深度拓展

(一)基础知识巩固

1. 基础概念的清晰理解

在高校化学教学中,教师注重学生对基础概念的清晰理解。他们通过生动的讲解、实例分析和实验演示等方式,帮助学生掌握化学原理、反应机制等核心概念。同时,教师还鼓励学生通过自主学习和探究性学习来加深对基础知识的理解。这种教学方式使得学生对化学基础知识有了更深刻的认识,为后续的学习和研究奠定了坚实的基础。

2. 准确运用基础知识

在高校化学教学模式中,掌握基础知识的最终目的是准确应用,教师注重培养学生的应用能力,通过设计各种实际问题和案例,让学生在解决问题的过程中运用所学知识。这种教学方式不仅提高了学生的实践能力,还使他们更加深刻地理解了基础知识的实际价值。

(二)理论深度拓展

1. 引入前沿科研动态

随着科学技术的快速发展,化学领域的研究也在不断推进。高校化学教学模式紧跟时代步伐,将最新的科研成果和动态引入教学中。这不仅有助于学生了解化学领域的最新进展,还能激发他们的科研兴趣和探索精神。通过接触前沿的科研动态,学生能够更加深入地理解化学原理并学会应用,为未来的科研工作打下坚实的基础。

2. 跨学科知识的融合

在现代教学中,学科之间的交叉和融合越来越普遍。高校化学教学模式也注重跨学科知识的引入和融合。通过将化学与其他学科如物理学、生物学、材料科学等进行交叉教学,学生能够更加全面地理解化学现象和原理。这种跨学科的教学方式不仅拓宽了学生的知识视野,还提高了他们综合运用知识的能力。

3. 深化对化学学科的理解

通过引入前沿科研动态和跨学科知识,高校化学教学模式深化了学生对化学学科的理解,学生不再仅仅停留在对基础知识的掌握上,而是能够站在更高的角度去看待化学问题。他们学会了如何运用多学科的知识去解析复杂的化学现象,如何提出创新的解决方案。这种深化的理解使得学生在未来的学习和工作中更加游刃有余。

4. 提升综合素质和竞争力

高校化学教学模式通过理论深度的拓展,提升了学生的综合素质和竞争力。学生不仅掌握了扎实的化学基础知识,还具备了宽广的理论视野和深厚的科学素养。这使得他们在就业市场上更加具有竞争力,能够胜任各种与化学相关的岗位。同时,他们还能够运用所学知识去解决实际问题,为社会的发展作出贡献。

二、实验技能与科研能力提升

(一)实验技能熟练化

1. 实验教学体系改革

在高校化学教学模式中,实验教学被赋予了前所未有的重要性。传统的理论教学往往侧重于知识的传授,而实验教学则更注重学生实践能力的培养。为了适应这一变化,高校对实验教学体系进行了全面改革,增加了实验课程的比重,设计了多层次、多类型的实验项目,确保学生在不同学习阶段都能接触到适合其能力发展的实验内容。这些实验项目不仅涵盖了基础实验操作技能的训练,如仪器的正确使用、实验条件的控制等,还融入了综合性、设计性实验,要求学生自主设计实验方案、选择实验材料,并独立完成实验过程。这样的教学安排不仅加深了学生对理论知识的理解,还显著提高了他们的实验操作技能。

2. 实验技能考核机制完善

为了激励学生认真对待每一次实验,高校还建立了完善的实验技能考核机制。过去,实验成绩往往只是作为课程成绩的一部分,且评价标准较为模糊。而现在,实验成绩被赋予了更高的权重,并且采用了更加细致、全面的评价标准。实验技能的考核不仅包括实验操作的准确性和规范性,还涉及实验报告的撰写质量,包括数据记录的完整性、数据处理的合理性以及实验结论的推导过程。此外,部分高校还引入了实验技能竞赛和实验操作考试等形式,进一步激发了学生的实验学习热情,促使他们不断提升自己的实验技能水平。

3. 实验资源与环境优化

实验教学质量的提升离不开优质的实验资源和良好的实验环境,高校在加大实验教学投入的同时,也注重实验资源的优化配置和实验环境的改善。实验室配备了先进的实验仪器和设备,并定期进行更新和维护,确保学生能够接触到最前沿的实验技术。同时,实验室还加强了安全管理,制定了严格的实验室规章制度,定期开展安全教育培训,增强了学生的安全意识和应急处理能力。在这样一个安全、有序的实验环境中,学生能够更加专注于实验操作本身,从而更有效地提升实验技能。

(二)科研能力增强

1. 科研项目参与机会增多

随着高校对科研工作的重视程度不断提高,学生参与科研项目的机会也日益增多。高校通过设立大学生创新项目、科研助理岗位等形式,为学生提供了参与科研工作的平台。在这些项目中,学生能够直接接触到科研前沿领域,了解科研工作的实际运作方式,并在导师的指导下进行科研实践。参与科研项目不仅锻炼了学生的实验操作能力,还培养了他们的科研思维和创新能力。在科研项目的实施过程中,学生需要学会如何选题、如何设计实验方案、如何收集和分析数据以及如何撰写学术论文。这些经历对于他们未来从事科研工作具有不可估量的价值。

2. 学术论文发表经验积累

高校教学模式鼓励学生积极参与学术论文的撰写和发表工作,并为他们提供了必要的支持和指导。通过参与科研项目,学生能够积累大量的实验数据和研究成果,为撰写学术论文提供了丰富的素材。在导师的指导下,学生学会了如何整理和分析实验数据、如何撰写论文摘要和引言、如何构建论文框架以及如何规范引用文献等。这些技能的掌握不仅有助于他们顺利完成学术论文的撰写,还为他们未来在学术界的发展奠定了坚实基础。此外,学术论文的发表也为学生提供了展示自己科研成果的舞台,增强了他们的自信心和成就感。当看到自己的研究成果被同行认可和引用时,学生会更加坚定地走上科研道路,并努力成为优秀的科研人才。

3. 科研素养的提升

参与科研项目对学生的科研素养和综合能力产生了深远

影响,在科研过程中,学生需要学会如何与他人合作、如何沟通交流以及如何解决问题等。这些能力在未来的工作和生活中同样具有重要意义。通过参与科研项目,学生培养了严谨的科学态度、求实的科研精神以及创新的思维方式。他们学会了如何面对失败和挫折,如何在困难中寻找突破口,并坚持不懈地追求科研目标。这些经历不仅塑造了他们的科研品格,还提升了他们的综合素质和竞争力。同时,在科研团队中,学生需要与来自不同学科背景的同学和老师合作,共同探讨科学问题。这样的经历有助于他们拓宽知识视野,增强跨学科整合能力,为未来成为复合型人才打下坚实基础。

三、创新思维与实践能力

(一)创新思维激发

1. 多元化教学方法的融合

高校教学模式在不断创新中逐渐摒弃了传统的填鸭式教学,转而采用多元化的教学方法,如案例教学、问题导向学习法教学、翻转课堂等。这些方法鼓励学生主动思考,通过解决实际问题来激发创新思维。例如,案例教学通过引入真实世界的情境,让学生在分析案例的过程中学会批判性思考,从不同角度审视问题,提出新颖的解决方案。问题导向学习法教学则直接抛出问题,让学生围绕问题展开探究,这种教学模式促使学生跳出传统思维框架,寻找新的解决路径。

2. 创新环境的营造

高校还致力于营造一个鼓励创新、容忍失败的学习环境。通过设立创新实验室、创业孵化器等平台,为学生提供将创意转化为现实的实践机会。同时,高校举办各类创新竞赛、学术论坛等活动,激发学生的创新热情,让他们在竞争中碰撞出思维的火花。此外,高校还注重培养学生的批判性思维和独立思考能力,鼓励他们敢于质疑权威,勇于提出自己的见解,为创新思维的培养提供了肥沃的土壤。

(二) 实践能力提升

1. 实践教学体系的完善

为了提升学生的实践能力,高校不断完善实践教学体系,增加实践教学的比重。除了传统的实验课程外,高校还积极与企业、科研机构合作,建立实习实训基地,让学生在真实的工作环境中进行实践操作,体验从理论到实践的转化过程。这种"产学研"结合的教学模式,不仅让学生学到了书本上学不到的知识,更让他们在实践中锻炼了解决问题的能力,增强了团队协作和沟通表达的能力。

2. 项目制学习的推广

项目制学习是一种以学生为中心的教学模式,通过让学生参与实际项目的设计和实施,培养他们的实践能力和创新精神。高校在项目制学习的推广上做了大量工作,如设立大学生创新创业训练计划项目、组织学生参与教师的科研项目等。在这些项目中,学生需要自主完成项目的规划、执行、监控和评估,整个过程中,他们的实践能力得到了极大的提升,同时也学会了如何管理时间和资源,如何与团队成员有效沟通。

3. 实践能力的评价与反馈

为了确保实践教学的效果,高校建立了科学的实践能力评价体系。通过制定明确的评价标准和方法,对学生的实践能力进行客观、全面的评价。评价内容不仅包括学生的操作技能、实验结果,还涉及他们的创新思维、团队协作、问题解决能力等方面。同时,高校还注重评价的反馈作用,通过定期的评价反馈会议、个别辅导等方式,帮助学生了解自己的实践能力水平,指导他们如何改进和提高。这种评价与反馈机制,不仅促进了学生实践能力的提升,也激发了他们持续学习和进步的动力。

4. 实践资源的优化与共享

为了提升学生的实践能力,高校还不断优化实践资源,实现资源的共享与高效利用。一方面,高校加大对实验室、实习实训基地等硬件设施的投入,确保学生有足够的实践场所和先进的实验设备;另一方面,高校也注重软件资源的建设,如开发实践教学管理系统、建立实践教学资源库等,为学生提供丰富的学习资料和便捷的学习途径。此外,高校还通过校企合作、校际合作等方式,实现实践资源的共享,让学生在更广阔的空间里锻炼实践能力。

第三节 持续改进的方向与措施

一、教学模式与目标的高度匹配

(一)注重能力培养

传统的教学目标往往侧重于知识的传授,但现代化学教育更强调学生能力的培养。这包括批判性思维、实验设计、数据分析等多方面的能力,这些能力对于学生未来的学术研究和职业发展都至关重要。注重能力培养意味着教师在教学过程中不仅要传授化学知识,还要引导学生学会如何运用这些知识去解决问题。批判性思维使学生能够独立思考,对所学知识进行质疑和反思,从而更深入地理解化学原理。实验设计能力则让学生通过亲自动手实验,加深对化学现象和原理的理解,同时培养他们的动手能力和创新意识。数据分析能力则有助于学生处理和理解大量的实验数据,为科研工作提供有力支持。

(二)结合实际应用

高校化学教学模式的一个重要目标是与学生的生活实际和未来职业发展紧密结合,这种结合不仅有助于提高学生的学习兴趣和动力,还能使他们更好地理解和应用所学知识。化学与人们的日常生活息息相关,从食品添加剂到环境污染,从药物合成到能源利用,化学知识无处不在。因此,在教学过程中,教师应注重将化学知识与实际生活相联系,通过实例讲解和案例分析,让学生深刻体会到化学的实际应用价值。同时,高校化学教学模式还应关注学生的未来职业发展。随着科学技术的不断进步,化学行业对于人才的需求也在不断变化。因此,教学目标应根据行业需求进行调整和优化,使学生能够掌握行业所需的最新知识和技能。这种与职业发展紧密结合的教学目标有助于提高学生的就业竞争力,为他们的未来职业生涯奠定坚实基础。

二、增强实验教学与信息技术应用

(一)实验教学模式的创新

1. 引入设计性与综合性实验

在高校化学教学模式中,传统验证性实验往往侧重于对已知化学原理的验证,这虽然有助于巩固学生的基础知识,但不利于培养其创新思维和实验操作能力。因此,需要引入更多设计性、综合性实验,鼓励学生自主设计实验方案,从实验目的、原理、步骤到数据处理和结果分析,都让学生全程参与。设计性实验要求学生根据给定的化学问题或研究主题,自行设计实验方案,选择合适的实验材料和仪器,进行实验操作并观察记录实验现象。这种实验模式能够锻炼学生的创新思维和问题解决能力,使其在实践中深入理解化学原理,提高实验操作技能。而综合性实验则涉及多个化学知识点的综合运用,要求学生将所学知识融会贯通,解决复杂问题。这类实验不仅有助于提升学生的综合能力,还能培养其团队协作精神和科学素养。

2. 利用虚拟实验室和在线教学平台

随着信息技术的不断发展,虚拟实验室和在线教学平台为高校化学实验教学提供了新的可能。虚拟实验室能够模拟真实的实验环境,使学生在不受时间和空间限制的情况下进行实验操作。这不仅增加了实验教学的趣味性和交互性,还降低了实验成本和安全风险。在线教学平台则为学生提供了丰富的学习资源和交流空间。学生可以通过平台观看实验视频、学习实验原理和操作步骤,还可以与其他同学和教师进行在线讨论,分享学习心得和实验经验。这种教学模式有助于激发学生的学习兴趣,提高其自主学习能力。

3. 实验教学的个性化与差异化

在实验教学模式的创新中,还应关注学生的个性化需求和学习差异。通过设计不同难度和类型的实验项目,满足不同层次学生的学习需求。同时,教师可以根据学生的实验表现和能力水平,提供个性化的指导和支持,帮助学生克服学习困难,提升实验操作能力。

(二)融合信息技术

1. 多媒体资源在化学教学中的应用

多媒体技术的快速发展为高校化学教学提供了丰富的手

段和资源,通过利用动画、视频等多媒体资源,可以将抽象的化学概念变得直观易懂。例如,在讲解化学反应原理时,可以通过动画演示反应物的分子结构、反应过程和生成物的性质变化,使学生更加深入地理解化学原理。此外,多媒体资源还能够激发学生的学习兴趣和好奇心。通过生动有趣的动画和视频,可以将枯燥的化学知识转化为吸引人的视觉和听觉体验,使学生在轻松愉快的氛围中学习化学。

2. 网络信息技术在化学教学中的作用

网络信息技术在高校化学教学中发挥着重要作用,通过利用网络平台和在线工具,可以实现远程教学、在线辅导和资源共享等功能。而远程教学能够打破时间和空间的限制,使学生可以随时随地进行学习。教师可以通过网络平台发布教学视频、课件和练习题等资源,学生可以自主下载和学习。同时,教师还可以通过在线辅导解答学生的疑问和问题,提供个性化的学习支持。此外,在线工具则能够帮助学生更加高效地进行化学学习。例如,通过在线模拟实验工具,学生可以在虚拟环境中进行实验操作,熟悉实验步骤和仪器使用。通过在线测评系统,学生可以自我检测学习成果,及时发现和弥补知识漏洞。

3. 信息技术与传统教学的融合

在融合信息技术的过程中,还应注重与传统教学的有机结合,虽然信息技术为化学教学带来了诸多便利和创新,但传统教学方法中的板书、讲解和实验演示等仍然具有不可替代的作用。因此,应将信息技术与传统教学相结合,发挥各自的优势。比如,在讲解化学原理时,可以先通过多媒体资源展示相关概念和现象,然后结合板书和讲解进行深入剖析。在实验教学中,可以先通过虚拟实验室进行模拟操作,然后在真实实验室中进行实际操作和验证。此外,还应关注学生的反馈和意见,及时调整教学策略和方法。通过与学生进行沟通和交流,了解他们的学习需求和困难,为他们提供更加个性化的学习支持和指导。

三、深化产教融合与校企合作

(一)加强与企业合作

1. 共建人才培养体系

高校化学专业在持续改进教学模式的过程中,应深化产教融合,加强与企业合作,共同构建适应市场需求的人才培养体系。这一合作不仅限于为学生提供实习机会,更应深入到课程设置、教学内容和教学方法的革新中。高校可以邀请企业专家参与课程设计,确保教学内容贴近行业实际,反映最新技术动态。同时,企业可以为学生提供真实的工作环境和项目,使学生在实践中学习,在学习中实践,从而更好地掌握专业技能和职场素养。通过共建实验室、研发中心等合作平台,高校和企业可以共同开展科学研究和技术创新,促进学术成果向实际应用的转化。这种合作模式不仅有助于提升高校的科研水平,也能为企业带来技术创新和产业升级的动力。在合作过程中,高校可以为企业提供智力支持,解决技术难题,而企业则可以为高校提供资金、设备和市场资源,形成互利共赢的良性循环。

2. 实施双导师制

为了进一步加强校企合作,高校可以实施双导师制,即每位学生不仅有一位校内导师,还有一位来自企业的导师。校内导师主要负责学生的学术指导和课程学习,而企业导师则侧重于实践指导和职业规划。双导师制能够确保学生在学术和实践两个方面都得到充分的指导和支持,有助于培养他们的综合素质和创新能力。企业导师的参与,不仅可以让学生更早地接触和了解行业前沿,还能为他们提供职业规划和就业指导,帮助他们更好地适应市场需求。同时,企业导师的实践经验和行业资源,也能为高校的教学和科研提供有力支持,促进学术与产业的深度融合。

(二)推动科研成果转化

1. 科研成果与教学资源的转化

高校化学专业应鼓励教师将科研成果转化为教学资源,以丰富教学内容,提高教学质量。这可以通过将最新的科研成果融入课程教材、开发实验课程、举办学术讲座等方式实现。科研成果的转化不仅能够让学生及时了解学科前沿动态,还能激发他们的学习兴趣和创新思维。此外,高校还可以建立科研成果展示平台,定期举办科研成果展览和交流活动,为师生提供展示和交流科研成果的舞台。这些活动不仅能够促进学术交流和合作,还能为企业提供技术转移和成果转化的机会,推动高校化学学科的发展。

2. 科研成果的产品化与市场化

高校应积极推动科研成果的产品化和市场化,这可以通过建立校企合作研发中心、申请专利、参与科技成果转化项目等方式实现。高校可以鼓励教师和企业合作,将科研成果转化为实际产品或服务,推向市场,实现经济效益和社会效益的双赢。在推动科研成果转化的过程中,高校应注重知识产权保护和管理,建立完善的知识产权管理制度和激励机制,保护科研人员的合法权益,激发他们的创新积极性。同时,高校还应加强与企业的沟通和合作,了解市场需求和行业动态,为科研成果的转化提供有力的市场支持。通过科研成果的产品化和市场化,高校不仅可以获得经济收益,还能提升学科影响力和知名度,吸引更多的优秀人才和资源。同时,科研成果的转化也能够为企业提供技术创新和产业升级的动力,推动行业的持续发展和进步。

参 考 文 献

［1］马愫倩.高校新工科背景下线上线下融合教学模式探索：
以材料化学课程为例［J］.安阳师范学院学报,2024,26
（05）：130-133.

［2］阳慧芳,王炎英,胡晶晶,等.分析化学实验教学模式改革
探索［J］.大学教育,2024,（16）:52-55+94.

［3］王婧.基于现代信息技术的高校化学教学模式研究［J］.江
西电力职业技术学院学报,2024,37（01）:66-68.

［4］赵爽,龙雨星,闫岩,等.基于现代信息技术的高校化学教
学模式探究［J］.化工管理,2023,（25）:56-59.

［5］吕春娇.对分课堂在高校化学教学论课程教学中的可行性
分析［J］.化工设计通讯,2023,49（08）：89-91.

［6］刘国成,陈勇强,张众,等.新工科背景下的地方高校"分析
化学实验"教学模式探究［J］.教育教学论坛,2023,（34）:
145-148.

［7］张新蕾,易慧,文海燕,等.基于OMO教学模式推进民办高
校课程思政全方位育人研究:以化学工程与工艺专业为例
［J］.华章,2023,（07）:135-137.

[8]韩增辉,李琛.地方高校无机化学课程教学模式探索和改革[J].广州化工,2023,51(12):237-239.

[9]李学先,魏晓.基于高校创新型人才培养的环境化学课程教学模式改革[J].创新创业理论研究与实践,2023,6(09):118-120.

[10]薛丽贞,费旭,李晓佩.高校"仪器分析"实验课线上+线下混合教学模式探究[J].科教导刊,2023,(13):97-100.

[11]李孝弟.新媒体技术环境下高校化学教学模式的探索与实践[J].中国多媒体与网络教学学报(中旬刊),2023,(01):57-60.

[12]龙德清,唐传球,周新.应用型本科高校有机化学实验线上线下混合式教学模式的设计与实践[J].汉江师范学院学报,2022,42(06):97-1.

[13]刘洋,徐慧婷,刘尊奇.高校线上线下混合式教学模式的探索与实践:以"无机化学"课程为例[J].甘肃教育研究,2022,(11):51-54.

[14]吴述平,张侃,朱脉勇,等.新媒体技术环境下高校化学教学模式的探索与实践[J].化工时刊,2022,36(08):50-53.

[15]党方方.线上线下混合式教学模式在高校化学实验教育中的应用[J].高教学刊,2022,8(06):112-115.

[16]姚玉峰,温小菊,左玉香.翻转课堂应用于地方高校无机化学实验教学的研究[J].山东化工,2021,50(24):

208-209.

[17] 王曙晖.高校转型环境下无机化学实验课程教学模式的多层次改革研究[J].太原城市职业技术学院学报,2021,(07):122-124.

[18] 金丽雯,刘翠,韩姿.融媒体时代下高校化学实验课程混合式教学模式研究[J].山东化工,2021,50(13):232-233+241.

[19] 徐本燕.信息化教学在高校化学课堂中的应用探索[J].化工管理,2021,(18):13-14.

[20] 张颖,张海鹏.新时期高校化学工程专业实践教学改革创新探究[J].中国多媒体与网络教学学报(上旬刊).2021,(04):89-91.

[21] 曹海燕,董文飞,石文兵.混合式教学模式在高校化学实验教学中的应用[J].学园,2021,14(03):17-18.

[22] 王超.互动式教学模式在高校有机化学课程中的应用分析[J].新西部,2020,(06):157-158.

[23] 王凤春,袁刚,周万里.基于翻转课堂的高校化学实验教学模式探究[J].才智,2020,(06):196-197.

[24] 罗娟.基于创新人才培养的高校化学教学模式[J].石化技术,2019,26(11):171+133.

[25] 苏海林.理实一体化教学模式在高校分析化学教学中的应用探究[J].化工管理,2019,(31):36-37.

[26] 张朋美,魏珍,刘家园,等.高校有机化学实验"六种模块"

相结合的教学模式探究[J].河北北方学院学报(社会科学版),2019,35(04):86-89.

[27]钱静,王成全.高校分析化学课程改革中的融合教学模式应用研究[J].广东化工,2019,46(10):176+183.

[28]邹志明,唐群,唐富顺,等.基于创新人才培养的基础化学课程研究型教学模式探索与实践[J].教育现代化,2019,6(38):12-13.

[29]凌平华,高峰.浅议高校分析化学实验课程教学模式改革[J].广州化工,2019,47(07):165-167.

[30]李海宏.高校化学课程翻转课堂教学实践研究[J].佳木斯职业学院学报,2019,(01):164+166.